"十三五"职业教育国家规划教材

计 算 机 网 络 技 术 专 业

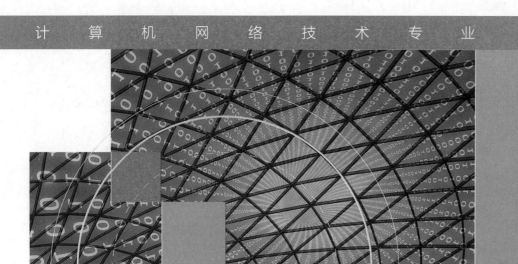

网页设计与制作

——HTML5+CSS3+JavaScript

（第4版）

Wangye Sheji yu Zhizuo
——HTML5+CSS3+JavaScript

主 编 钱 锋 张继辉

U0364833

中国教育出版传媒集团

高等教育出版社·北京

内容简介

本书是"十三五"职业教育国家规划教材，依据教育部《职业教育专业简介（2022 年)》的相关要求并参照计算机网络技术相关行业标准编写。

本书采用理实一体化模式，从 Web 前端开发的结构、表现、行为三方面入手，以 HTML5、CSS3、JavaScript、jQuery 的先后顺序介绍网页制作相关知识，注重网站设计、开发实践。全书内容共有 6 个单元，分别是：走进网站设计、认识 HTML5、理解 CSS3 样式、掌握 JavaScript 应用技巧、了解 jQuery、微网站开发实战。

本书配套源代码、教学课件等辅助教学资源，请登录高等教育出版社 Abook 新形态教材网（http://abooks.hep.com.cn）获取相关资源，详细使用方法见本书最后一页"郑重声明"下方的"学习卡账号使用说明"。

本书内容浅显易懂，文字深入浅出，可作为中等职业学校计算机网络技术专业教材，也可作为"Web 前端开发""1+X 证书"培训用书。

图书在版编目（ＣＩＰ）数据

网页设计与制作：HTML5+CSS3+JavaScript / 钱锋，张继辉主编. --4 版. --北京：高等教育出版社，2024.1

ISBN 978-7-04-061189-2

Ⅰ. ①网… Ⅱ. ①钱… ②张… Ⅲ. ①网页制作工具 –中等专业学校–教材 Ⅳ. ①TP393.092.2

中国国家版本馆 CIP 数据核字（2023）第 179158 号

策划编辑	赵美琪	责任编辑	赵美琪	特约编辑	张乐涛	封面设计	杨立新
版式设计	李彩丽	责任绘图	马天驰	责任校对	胡美萍	责任印制	高 峰

出版发行	高等教育出版社	网 址	http://www.hep.edu.cn
社 址	北京市西城区德外大街 4 号		http://www.hep.com.cn
邮政编码	100120	网上订购	http://www.hepmall.com.cn
印 刷	廊坊十环印刷有限公司		http://www.hepmall.com
开 本	889 mm×1194 mm 1/16		http://www.hepmall.cn
印 张	21.75	版 次	2011 年 7 月第 1 版
			2024 年 1 月第 4 版
字 数	400 千字		
购书热线	010-58581118	印 次	2024 年 10 月第 3 次印刷
咨询电话	400-810-0598	定 价	49.80 元

物 料 号 61189-00

前　言

本书依据教育部《职业教育专业简介（2022年）》的相关要求并参照计算机网络技术相关行业标准编写。

党的二十大报告指出"育人的根本在于立德。"本书系统融入了课程思政元素，将精益求精、追求极致、爱岗敬业等课程思政元素有机融入知识与技能的传授过程之中，强化学生的职业道德意识、吃苦耐劳精神和严谨细致态度。

随着信息技术的飞速发展，网络应用逐渐从互联网时代迈入移动互联时代，基于Web移动端的新技术、新应用不断涌现。通过HTML、CSS及JavaScript的各种技术、框架、解决方案实现信息交互是互联网主流应用之一。结合中等职业学校学生的学习特点，本书基于HTML5+CSS3+JavaScript组合设计与制作网页，使网页更加美观、交互更加灵活、功能更加强大，有助于学生掌握移动互联时代的计算机网络技术。

教材内容

本书注重内容的内在联系，从Web开发的结构、表现、行为三方面入手，以HTML5、CSS3、JavaScript的先后顺序组织本书内容。建议总课时108学时，具体内容及学时分配如下：

单元	内容	实战案例	建议学时
第1单元 走进网站设计	介绍网站开发的基本知识，认识HTML5、CSS3、JavaScript以及开发环境	安装并熟悉开发环境Dreamweaver CC	4
第2单元 HTML5构建网页结构	介绍HTML5的语法基础、基本元素应用、结构元素应用、功能元素应用及表单元素的应用	设计并制作旅游网站的新闻栏目	32
第3单元 CSS3优化网页样式	介绍CSS3样式属性、DIV+CSS3布局及CSS3动画效果制作	设计并制作旅游景点页面	28
第4单元 JavaScript增强网页交互	介绍JavaScript程序语言基础、JavaScript逻辑语句、函数、对象及JavaScript HTML DOM的应用	制作旅游网站首页轮播图片动态效果	20
第5单元 jQuery简化网页制作	介绍jQuery框架基本语法，包括jQuery选择器、DOM操作、事件、动画的应用	为旅游网站添加票务订购服务	16
第6单元 微网站开发实战	介绍微网站规划及制作技巧	制作旅游微网站首页	8
合计			108

教材特点

1．知识技能+案例的编排模式。基于学生专业核心素养的培养，本书注重程序语言学习的系统性，内容设计采取知识技能+案例形式，知识技能编排逻辑性强。每部分内容均结合"试一试"小程序开发，倡导做中学的教学，每节内容有"实践与体验"模块、每单元有应用案例模块，通过案例开发，增强学习者知识技能的应用能力。

2．注重知识技能的外延拓展。教材注重培养学习者知识的全面性和实践性。通过在正文中插入"提示""技巧"内容，协助学习者更好地掌握所学知识，补充新知识、新应用的学习，增强网站开发过程中实践技巧的掌握。

3．案例设计层次性、实战性强。教材将知识技能点融入案例中进行教学，符合学习者的认知规律。案例设计由易到难、由局部到整体，层次性强，循序渐进，促使学习者更好地掌握网站开发的实践能力。

4．图文并茂、资源丰富。教材在编排中，图文并茂，并附以案例代码，可读性强。书中所涉案例以资源包形式提供，方便学习者学习。

教材使用建议

根据本书的特点，以知识技能+案例的方式组织教学内容，在学生"学做合一"的过程中，教师扮演"教练""组织者"的角色。在组织教学实施过程中，要关注学生的学习基础、软件学习能力及认知特点，采用多种组织方式，激发学生的学习兴趣，完成学习目标。教师要对知识技能与案例进行有效整合，在学生学习过程中及时引导，使学生在"做"与"学"的过程中构建起 HTML5+CSS3+JavaScript 模式的网页设计与制作新思维。

本书配套源代码、教学课件等辅助教学资源，请登录高等教育出版社 Abook 新形态教材网（http://abooks.hep.com.cn）获取相关资源，详细使用方法见本书最后一页"郑重声明"下方的"学习卡使用说明"。

本书由钱锋、张继辉担任主编，徐凯担任副主编，编写分工如下：张继辉编写第 1 单元，钱锋编写第 2 单元，徐凯编写第 3、4 单元，许灼灼编写第 5 单元，邵泽城编写第 6 单元，王志祺提供部分案例代码，高菲菲编排与校稿。在编写过程中，得到了相关企业人员的指导和帮助，在此一并表示感谢。

由于编者水平有限，书中难免存在一些疏漏和不足之处，恳请广大师生批评指正，以便我们修改完善。读者意见反馈邮箱：zz_dzyj@pub.hep.cn。

编者

2023 年 10 月

目　录

第 1 单元　走进网站设计

　　目前，网络已经成为人们娱乐、工作中不可或缺的一部分，互联网的应用也随着科技的发展越来越多元化，用户可以借助多种终端设备通过网页方便地浏览各种信息、开展互动，而网站设计也逐渐成为计算机专业的重要学习内容。

　　在网站设计中，对跨平台开发、离线 Web 应用的需求越来越多，使得 HTML5 逐步成为 Web 前端主要开发技术。HTML5+CSS3+JavaScript 的黄金组合，是当下网站设计开发应用中的利器，我们在学习具体网站设计前，也有必要了解 HTML5、CSS3、JacaScript 的发展历史及具体作用，为后续的学习打下基础。

　　本单元主要介绍网站设计开发中关于网站、网页的一些基本概念，帮助学生了解 HTML5、CSS3、JavaScript 的基本概念、发展历史及在网站设计开发中的重要作用，为后续学习具体的网站设计与制作打下扎实的基础。

1.1　网站介绍

•1.1.1　网站与网页

在浏览器中输入网址，就可以访问相应的网站，一个网站可以由数量不等的页面组成，那什么是网址？什么是网站和网页呢？在具体学习网站设计开发前，我们先要学习网站设计开发中的一些基本概念。

1．什么是网站

网站（Website）是指在互联网上，根据一定的规则，使用 HTML 等工具制作的用于展示特定内容的相关网页的集合。简单地说，网站是一种通信工具，人们可以通过网站来发布自己想要公开的信息，或者利用网站来提供相关的网上服务，也可以通过网页浏览器来访问网站，获取自己需要的信息或者享受网上服务。许多公司都拥有自己的网站，它们利用网站向公众展示自身形象，发布产品信息、招聘信息等。随着网页制作技术的流行，很多人也开始制作个人主页，制作者通常以此介绍自我、展现个性。

2．什么是网页

网页是构成网站的基本元素，是承载各种网站应用的平台。网页实际上是一个文件，它存放在世界某个角落的某一台计算机中，而这台计算机必须是与互联网相连的。网页经网址来识别与存取，当用户在浏览器中输入网址后，经过一段复杂而又快速的程序，网页文件会被传送到用户的计算机，然后再通过浏览器解释网页的内容，展示在用户的眼前。

网页作为与浏览者直接进行信息交互的介质，需要具备文本、图像、声音、视频等能够进行信息传递的元素；需要具备方便用户浏览的导航条和超链接等元素；也需要具备用于增进交互的表单等元素，如发表留言等。

3．浏览器/服务器结构

浏览器/服务器（Browser/Server，B/S）结构在 20 世纪 90 年代末开始盛行，是目前最流行的网络软件系统结构之一。在这种结构下，用户工作界面通过浏览器（Browser）来实现，主要事务逻辑则在服务器端（Server）实现，这样就大大简化了客户端计算机的负担，减轻了系统维护与升级的成本和工作量，降低了用户的总体成本。

B/S 结构运行过程是用户通过浏览器来访问网络上的文本、图像、声音、视频等信息，这些信息都是由许许多多的 Web 服务器产生的，而每一个 Web 服务器又可以通过各种方式与数据库服务器连接，大量的数据实际存放在数据库服务器中。客户端除了浏览器，一般不需要任何用户程序，只需从 Web 服务器上下载程序到本地来执行，在下载过程中若遇到与数据库有关的指令，由 Web 服务器交给数据库服务器来解释执行，并返回给 Web 服务器，Web 服务器又返回给用户。在这种结构中，将许许多多的网连接到一起，形成一个巨大的网，即全球网。而各个企业可以在此结构的基础上建立自己的内联网，如图 1-1 所示。

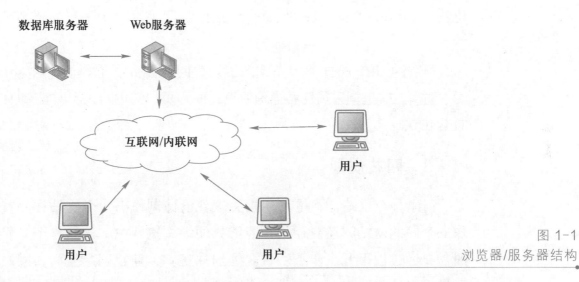

图 1-1
浏览器/服务器结构

从目前的应用来说，B/S 结构具有如下优点：具有分布性特点，可以随时随地进行查询、浏览等业务处理；业务扩展简单方便，通过增加网页即可增加服务器功能；维护简单方便，只需要改变网页，即可实现所有用户的同步更新；开发更简单，共享性更强。

1.1.2 网址的组成

IP 地址就是给每个连接在互联网上的主机分配的一个地址，在互联网上运行的每台主机都有一个唯一的 IP 地址，就如同每个人都有唯一的身份证号码一样。

域名是互联网上的一个服务器或一个网络系统的名字，全世界没有重复的域名。域名的形式是以若干个英文字母和数字组成，由"."分隔成几部分，如 163.com 就是一个域名。域名的出现是为了更方便地访问互联网上的某台服务器，因为它比 IP 地址更容易记忆。如果说 IP 地址如同人的身份证号码，则域名就如同人的名字，它们都可以代表互联网中的某台主机，但域名相对来说更简短、形象，容易记忆。

需要访问互联网中某台主机的时候，先是在浏览器地址栏中输入域名，然后通过网络中的域名解析服务器（DNS 服务器）进行解析，最终指向对应 IP 地址的主机进行访问，如图 1-2 所示。

图 1-2
域名解析

WWW 中有无数个网页，每个网页都有一个地址，该地址称为统一资源定位符（Uniform Resource Locator，URL），网址主要用于指向资源的位置及访问方式。

标准的 URL 格式为"访问方式：//主机域名/路径/网页文件名"。

访问方式是指采用何种通信协议访问网页，常见的访问方式有 HTTP、FTP、TELNET 等。

1.1.3 网站规划

创建一个网站，不是利用相关软件设计制作出一个网站程序就可以了，制作一个好的网站，还要让用户能够方便地浏览网站，这是一个完整的流程，一般需要经过以下几个步骤：域名注册并备案、建立网站空间、网站程序设计与开发、网站测试与上传、后期维护。

1. 域名注册并备案

用户在域名注册时，首先是要选择域名注册服务商，可以是顶级域名注册商或者其代理服务商。经过互联网名称与数字地址分配机构（ICANN）认证的国内顶级国际域名注册商下面都有数量不少的代理服务商，各家公司提供的服务内容大体类似，但服务水平和服务方式有一定的差异。通过顶级域名注册商直接注册域名，通常可以自助完成、自行管理，整个过程完全电子商务化，如果对互联网应用比较熟悉，这种方式比较方便，如果初次接触这个领域，与本地的代理服务商联系可以得到更多帮助。

国内域名的注册要通过中国互联网信息中心（CNNIC）授权的国内域名注册商来进行，一般的域名注册商在经营国际域名的同时也都经营国内域名的注册，因此在选择国内域名注册商和国际域名注册商时，通常没有必要分开进行。如果对域名注册商的身份有疑问，可以通过 CNNIC 网站公布的域名注册商名录进行核对。

为加强对互联网 IP 地址资源使用的管理，保障互联网的安全，维护广大互联网用户的根本利益，为了规范互联网信息服务活动，促进互联网信息服务健康有序发展，根据 2000 年颁布的国务院令第 292 号《互联网信息服务管理办法》和 2005 年颁布的信息产业部令第 33 号《非经营性互联网信息服务备案管理办法》规定，国家对互联网信息服务实行备案制度。

网站备案需通过域名空间服务商代为备案，由服务商提交备案。个人备案需提供域名证书、网站管理人身份证复印件（如果是公司备案还需要营业执照复印件），还有网站真实性核验单、授权书、信息安全承诺书，以及一张网站负责人彩色正面免冠照图片。

2．建立网站空间

虚拟主机是在网络服务器上划分出一定的磁盘空间供用户放置站点、应用组件等，提供必要的站点功能、数据存放和传输服务。所谓虚拟主机，也称"网站空间"，就是把一台运行在互联网上的服务器划分为多个"虚拟"的服务器，每一个虚拟主机都具有独立的域名和完整的互联网服务器（支持 WWW、FTP、E-mail 等）功能。虚拟主机极大地促进了网络技术的应用和普及。同时虚拟主机的租用服务也成为网络时代新的经济形式之一。

如果需要自建网络空间，则需要购买专用的网络服务器，同时向互联网服务提供商（ISP），如中国电信申请互联网接入服务，包括带宽、IP 地址等。

3．网站程序设计与开发

网站建设是一个系统工程，建设一个网站前需要进行网站规划。科学的规划设计对网站建设起到计划和指导作用，对网站的内容与维护起到定位作用，大大提高了网站建设的效率。在明确了网站的主题和结构设计后，即可通过专业的网站程序开发软件进行网站程序的开发工作，如 Dreamweaver 等。

4．网站测试与上传

一般网站的测试主要包括性能测试、正确性与安全性测试。

（1）性能测试包括连接速度测试、负载测试和压力测试。

● 连接速度测试：用户连接到网站的速度与上网方式有关，或是通过 ADSL 拨号方式上网，或是通过光纤上网，测试过程中，要测试不同上网方式连接网站的速度。

● 负载测试：负载测试是在某一负载级别下，检测网站的实际性能。也就是能允许多少用户同时在线，这个测试可以通过相应的软件在一台客户机上模拟多个用户来测试负载。

　　● 压力测试：压力测试是测试系统的限制和故障恢复能力，也就是测试网站会不会崩溃。

　　（2）正确性与安全性测试包括色彩的搭配、连接的正确性、导航的正确和便捷、CSS 应用的统一性测试；针对网站的服务器应用程序、数据、服务器、网络、防火墙的测试；针对网站的安全性（服务器安全，脚本安全）测试，对可能有的漏洞、攻击、错误进行测试。

　　网站测试合格后，就可以上传到网站空间中了。

5. 后期维护

　　网站的后期维护，主要包括网站系统的维护和网站内容的更新。

　　（1）网站系统的维护包括网站自身维护、域名维护续费、网站空间维护、与相关 ISP 联系等。

　　（2）网站内容的更新包括及时更新网站各个版面内容、网站重要页面设计制作（如重大事件页面、突发事件及公司周年庆等活动页面设计制作）、网站风格等。

　　及时、优质地网站后期维护，可以使网站更安全可靠地运行并降低管理成本，也可以提升用户的满意度，使网站以更专业的面貌呈现给浏览者。

1.2　HTML5 基础

　　超文本标记语言（Hyper Text Markup Language，HTML）是标准通用标记语言下的一个应用，也是一种规范、一种标准，它通过标签来标记要显示的网页中的各个部分。

　　网页文件通过在文本中添加标签告诉浏览器如何显示其中的内容（如文字如何处理、画面如何安排、图片如何显示等）。浏览器按顺序阅读网页文件，然后根据标签解释显示其标记的内容，对于书写出错的标签，浏览器不会指出其错误，且不停止解释执行过程，只能通过显示效果来分析出错原因和出错位置。不同的浏览器对同一标签可能会有不完全相同的解释，因而可能会有不同的显示效果。

1.2.1　HTML 历史

　　1969 年，诞生了世界第一个计算机网络——阿帕网（Advanced Research Projects Agency Network，ARPANET），现在的互联网是在阿帕网的基础上建立起来的。

1989 年，万维网（World Wide Web，WWW）诞生。万维网通过一种超文本方式，把网络上不同计算机内的信息有机地结合在一起，并且可以通过超文本传输协议（HTTP）从一台 Web 服务器传到另一台 Web 服务器上检索信息，HTML 允许透明地共享网络上的信息，即使大家使用的计算机差别很大。这是互联网历史上划时代的分水岭，万维网技术给互联网赋予了强大的生命力，为互联网的蓬勃发展奠定了基础。

1993 年，国际互联网工程任务组（IETF）发布了超文本标记语言草案，1995年，发布了 HTML2.0。万维网联盟（World Wide Web Consortium，W3C）继 IETF之后成为 HTML 后续标准的制定者，20 世纪 90 年代中期以后，W3C 对 HTML进行了几次升级，直至 2018 年发布最新的 HTML5 更新版本 HTML5.3。

HTML 从诞生至今，经过多次更新，经历的版本见表 1-1。

表 1-1　HTML 语言历程中的主要版本

版本	发布时间	说明
超文本标记语言草案	1993 年 6 月	由 IETF 发布的草案，非正式标准
HTML2.0	1995 年 11 月	由 IETF 推出的第一个正式版本
HTML3.2	1997 年 1 月	W3C 推荐标准，首个完全由 W3C 开发并标准化的版本
HTML4.0	1997 年 12 月	W3C 推荐标准
HTML4.01	1999 年 12 月	W3C 推荐标准
XHTML1.0	2000 年 1 月	W3C 推荐标准
XHTML1.1	2001 年 5 月	W3C 推荐标准
HTML5	2014 年 10 月	W3C 推荐标准

　　HTML 没有 1.0 版本是因为当时有很多不同的版本，为了区分，直接使用 2.0 作为版本号。

1.2.2　认识 HTML5

HTML5 与 HTML4 在架构上有很大的不同，HTML5 的目标是创建更简单的 Web 程序，书写更简洁的 HTML 代码。HTML5 提供了更多的 API，方便用户开发各种应用程序；提供更多的新元素、新属性，使 HTML 变得更简洁、更清晰。

从 HTML4 到 XHTML 再到 HTML5，是 HTML 语言进一步规范的一个过程，虽然在语法结构上没有带来颠覆性的变革，但 HTML5 也增加了很多实用性的功能，与之前版本比，在对移动端应用开发支持方面有着无可比拟的优势。

1. 跨平台优势

目前，在移动终端上进行应用开发，一种选择是利用原生开发，使用 Objective-C + iOS CocoaTouch Framework 编写 iPhone/iPad 应用程序，或使用 Java + Android Framework 编写 Android 应用程序。使用原生开发，如果想要同时支持两种平台，势必要维护两套代码。另一种选择是使用 HTML5 来开发应用，用户可以不受系统限制，方便快捷地利用浏览器直接访问应用程序，这种开发方式增加了核心代码的可复用率，降低了代码的重写量，有效减轻了开发过程及后期维护中的工作量。

用 HTML5 搭建的网站与应用还可以兼容 PC 端与移动端、Windows 与 Linux 等不同平台。它可以轻易地移植到各种不同的开放平台、应用平台上。这种强大的兼容性可以显著地降低开发与运营成本。

2. 本地存储优势

使用 HTML5 可以在本地存储用户的浏览数据。早期的 HTML 版本，本地存储使用的是 cookie，存储量小且存在安全隐患。HTML5 的 Web Storage 是克服了由 cookie 带来的一些限制，当数据需要被严格控制在客户端时，无须持续地将数据发回服务器。HTML5 Web Storage API 可以看作是加强版的 cookie，不受数据大小限制，有更好的弹性和架构，可以将数据写入到本机的 ROM 中，还可以在关闭浏览器后再次打开时恢复数据，以减少网络流量。

3. 多媒体嵌入优势

在开发移动端应用时，原生开发方式对于文字和音视频混排的多媒体内容处理相对复杂，需要拆分文字、图片、音频、视频，解析对应的 URL 并分别用不同的方式处理。 HTML5 在这个方面完全不受限制，可以完全放在一起进行处理。HTML5 引入新的多媒体标签，如 video 标签、audio 标签，解决了网页内容被插件限制的局面，可以开发出更加丰富多彩的网页。

4. 语法简化优势

HTML5 大幅度简化了旧版本中的一些标签，允许用户写出简单清晰、易于描述的代码。

8

1.3 CSS3 基础

层叠样式表（Cascading Style Sheets，CSS）是一种用来表现 HTML 或 XML 等文件样式的计算机语言。CSS 不仅可以静态地修饰网页，还可以配合各种脚本语言动态地对网页各元素进行格式化。CSS 能够对网页中元素的位置进行像素级精确控制，支持几乎所有的字体、字号、样式，拥有编辑网页对象和模型样式的能力。

1.3.1 CSS 历史

最初提出 HTML 的时候，并没有给页面添加样式的方法，而是由浏览器结合它们各自的样式语言为用户提供页面效果的控制。一开始，HTML 只含有极少的显示元素，但随着互联网的发展，为了满足页面设计的要求，需要在 HTML 中添加越来越多的显示元素，HTML 变得越来越杂乱，并且 HTML 页面也越来越臃肿。

1994 年诞生的 CSS 只是一个建议，当时在互联网界已经有过一些统一样式表语言的建议，但 CSS 是第一个含有"层叠"含义的样式表语言。在 CSS 中，一个文件的样式可以从其他的样式表中继承。用户在有些地方可以使用自己更喜欢的样式，在其他地方则继承或"层叠"作者的样式。这种层叠的方式使作者和用户都可以灵活地加入自己的设计，混合每个人的爱好。

1995 年的 WWW 网络会议上 CSS 又一次被提出。1996 年 12 月，层叠样式表的第一份正式标准（Cascading Style Sheets Level 1）完成，成为 W3C 的推荐标准。

1998 年 5 月推出 CSS2，CSS2 推荐的是内容和表现效果分离的方式，HTML 元素可以通过 CSS2 的样式控制显示效果，使用如 div 和 li 等 HTML 标签来分割元素，之后即可通过 CSS2 样式来定义界面的外观。

2001 年 5 月，W3C 完成了 CSS3 的工作草案。

1.3.2 CSS 的作用与特点

CSS 为 HTML 标记语言提供了一种样式描述，定义了其中元素的显示方式。CSS 在 Web 设计领域是一个突破。利用它可以实现只修改样式，就会更新与之相关的所有页面元素。

CSS 样式表可以直接存储于 HTML 网页或者单独的样式文件中。无论哪一种方式，样式表包含将样式应用到指定类型元素的规则。外部引用时，样式表被存放在一个扩展名为.css 的外部样式文件中。

> **技巧**
>
> 　在 HTML 文件里加一个超链接，引入外部的 CSS 文件。这个方法便于管理整个网站的网页风格，它让网页的文字内容与版面设计分开。只要在一个 CSS 文件内（扩展名为.css）定义好网页的风格，然后在网页中加一个超链接连接到该文件，那么网页就会按照在 CSS 文件内定义好的风格显示出来。

CSS 具有以下特点：

1．丰富的样式定义

CSS 提供了丰富的文档样式，以及设置文本和背景属性的能力；允许为任何元素创建边框，控制元素边框与其他元素间的距离，以及控制元素边框与元素内容间的距离；允许随意改变文本的大小写方式、修饰方式及其他页面效果。

2．易于使用和修改

CSS 可以将样式在 HTML 元素的 style 属性中定义，也可以在 HTML 文档的 header 部分定义，还可以在一个专门的 CSS 文件中声明，以供 HTML 页面引用。总之，CSS 样式表可以将所有的样式声明统一存放，进行统一管理。

另外，可以将相同样式的元素进行归类，使用同一个样式进行定义，也可以将某个样式应用到所有同名的 HTML 标签中，还可以将一个 CSS 样式指定到某个页面元素中。如果要修改样式，只需要在样式列表中找到相应的样式声明进行修改。

3．多页面引用

CSS 样式表可以单独存放在一个 CSS 文件中，这样就可以在多个页面中引用同一个 CSS 样式表。CSS 样式表理论上不属于任何页面文件，在任何页面文件中都可以引用它。这样就可以实现多个页面风格的统一。

4．层叠

简单地说，层叠就是当多个 CSS 样式作用于同一个元素时，它们将按特定的规则判断样式的优先级。例如，对一个站点中的多个页面使用了同一套 CSS 样式表，而某些页面中的某些元素想使用其他样式，就可以针对这些样式单独定义一个样式表应用到页面中。这些后定义的样式将对先定义的样式设置进行重写，在浏览器中看到的将是最后设置的样式效果。

5. 页面压缩

在使用 HTML 定义页面效果的网站中，往往需要大量的表格和 font 元素形成各种规格的文字样式，这样做的后果是会产生大量的 HTML 标签，从而使页面文件的大小增加。而将样式的声明单独放到 CSS 样式表中，可以大大地减小页面文件的大小，在加载页面时使用的时间也会大大地减少。

1.3.3　CSS3 新特性

CSS3 是 CSS 的升级版本，这套新标准提供了更加丰富且实用的规范，如盒子模型、列表模块、超链接方式、语言模块、背景和边框、文字特效、多栏布局等，目前有很多浏览器已经相继支持这项升级的规范，如 Firefox、Chrome、Safari、Opera 等。在版本 CSS3 中，主要增加了以下特性。

1. CSS3 选择器

在 CSS 中，选择器是一种模式，用于选择需要添加样式的元素。其中 CSS3 新增的基本选择器包括：子元素选择器、相邻兄弟选择器、通用兄弟选择器、群组选择器。其中子元素选择器只能选择某元素的子元素，相邻兄弟选择器可以选择紧接在某元素后的元素，而且它们具有一个相同的父元素。通用兄弟选择器可以选择某元素后面的所有兄弟元素，而且它们具有一个相同的父元素。群组选择器是将具有相同样式的元素分组在一起，每个选择器之间使用逗号隔开。除了基本选择器之外还新增了属性选择器和伪类选择器，具体的使用方法会在之后的内容中有所体现。

2. CSS3 圆角

在 CSS3 中新增 border-radius 来设置标签的圆角边，极大地简化了 CSS 中制作圆角边框的繁琐。

3. CSS3 渐变

CSS3 渐变可以让用户在两个或多个指定的颜色之间显示平滑的过渡。

以前，必须使用图像来实现这些效果。但是，通过使用 CSS3 渐变，可以减少下载的时间和宽带的使用。此外，渐变效果的元素在放大时看起来效果更好，因为渐变是由浏览器生成的。

CSS3 定义了线性渐变（Linear Gradients）和径向渐变（Radial Gradients）两种类型的渐变。

4. CSS3 过渡

CSS3 过渡是元素从一种样式逐渐改变为另一种样式的效果。在之前的 CSS 版本中要实现样式的过渡需要使用 JavaScript 代码，但是有了transition这个属性后，CSS3 就可以顺利地完成对样式的过渡转换了。

5. CSS3 转换

通过 CSS3 转换，能够对元素进行移动、缩放、转动、拉长或拉伸。用户可以通过 CSS3 内置的几个方法来设置 2D 和 3D 的转换。

6. CSS3 动画

通过 CSS3，用户能够创建动画，这可以在许多网页中取代动画图片、Flash 动画及 JavaScript。

动画是使元素从一种样式逐渐变化为另一种样式的效果，可以用百分比来规定变化发生的时间，或用关键词"from"和"to"，等同于 0%和 100%。0% 是动画的开始，100% 是动画的完成。为了得到最佳的浏览器支持，应该始终定义 0%和 100% 选择器。

下面这个例子表示背景色由红色变为黄色，再变为蓝色，最后为绿色。

```
@keyframes myfirst
{
    0%   {background: red;}
    25%  {background: yellow;}
    50%  {background: blue;}
    100% {background: green;}
}
```

1.4　JavaScript 基础

JavaScript 是一种动态类型、弱类型、基于原型的直译式脚本语言。它的解释器被称为 JavaScript 引擎，为浏览器的一部分，广泛用于客户端的脚本语言，最早是在 HTML 网页上使用，用来给 HTML 网页增加动态功能。

1.4.1　JavaScript 历史

1994 年，网景公司（Netscape）发布了 Navigator 浏览器，这是世界上第一款比较成熟的网络浏览器。但是这款浏览器只能浏览页面，无法与用户互动，如你登录一个网站输入完用户名单击提交的时候，浏览器并不知道你是否输入了，也无法判断。只能传给服务器去判断。

当时解决这个问题有两种方法，一种是采用现有的语言，如 Perl、Python、Tcl、Scheme 等，允许它们直接嵌入网页，另一种是发明一种全新的语言。

1995 年 5 月，网景公司开发了与 Java 相似，但比 Java 简单的网页脚本语言使得非专业的网页作者也能很快上手。新的脚本语言被命名为 LiveScript，这就是 JavaScript 1.0。

JavaScript1.0 获得了巨大的成功，网景公司随后发布了 JavaScript1.1。之后作为竞争对手的微软在自家的 IE3 中加入了 JScript。由于当时还没有标准规定 JavaScript 的语法和特性，随着不同版本的出现，暴露的问题日益加剧，JavaScript 的规范化被提上日程。

1997 年，以 JavaScript1.1 为蓝本的标准被制定，命名为 ECMAScript。

ECMAScript 和 JavaScript 的关系为：ECMAScript 是 JavaScript 的国际标准，JavaScript 是 ECMAScript 的一种实现。

•1.4.2 JavaScript 的作用与特性

JavaScript 是目前浏览器支持的主流脚本语言，其主要作用是在不与服务器交互的情况下修改 HTML 页面内容，因此最关键的部分是文档对象模型（DOM），也就是 HTML 元素的结构。通过异步 JavaScript 和 XML（Ajax），可以在不重新加载页面的情况下，使 HTML 页面通过 JavaScript 从服务器上获取数据并显示，大幅提升用户体验。JavaScript 使 Web 页面发展成胖客户端成为可能。

网络应用程序经历了从胖客户端到瘦客户端的发展历程，胖客户端是相对于传统 C/S 结构的网络应用程序，而瘦客户端一般都是相对于 B/S 结构的 Web 应用。

胖客户端将应用程序的处理过程分为两个部分：一是客户端部分用户桌面计算机执行的处理，二是服务器部分的一些集中处理。胖客户端应用程序的客户端部分除了负责将程序的 UI 界面显示给用户进行交互外，还负责进行大部分的业务逻辑处理。这种类型的应用程序需要客户端部分具有执行任务的能力，对客户端机器的要求比较高，但是可以减轻服务器很大一部分的压力，降低对服务器性能的要求。

JavaScript 脚本语言具有以下特性。

（1）解释性：JavaScript 是一种解释语言，源代码不需要经过编译，直接在浏览器上解释并运行。

（2）基于对象：JavaScript 是一种基于对象的语言，能运用自己已经创建的对象，许多功能可以来自于脚本环境中对象的方法与脚本的相互作用。

（3）事件驱动：JavaScript 可以直接对用户或客户输入做出响应，无须经过 Web 服务程序。对用户的响应，是以事件驱动的方式进行的，所谓事件驱动，指的是在主页执行了某种操作所产生的动作，此动作称为"事件"。

（4）跨平台：JavaScript 依赖于浏览器本身，与操作环境无关。只要有能运行浏览器的计算机，并且浏览器支持 JavaScript 就可以正确执行。

（5）安全性：JavaScript 是一种安全性高的语言。它不允许访问本地的磁盘，并不能将数据存入服务器；不允许对网络文本进行修改和删除，只能通过浏览器实现信息浏览或动态交互，可有效地防止数据丢失。

1.5　Dreamweaver CC 介绍

Adobe Dreamweaver 是所见即所得网页代码编辑器。利用对 HTML、CSS、JavaScript 等内容的支持，设计师和程序员可以快速进行网站建设。

1．安装 Dreamweaver CC

运行 Dreamweaver CC 安装程序 setup.exe 即可进入安装过程。在完成安装的初始化进程后，可在安装窗口中选择安装路径，单击"安装"按钮，即可顺利完成 Dreamwear CC 的安装，如图 1-3 所示。

图 1-3
安装过程

2．运行 Dreamweaver CC

安装完成后，可在运行菜单选择"Adobe Dreamweaver CC"，开始运行 Dreamweaver CC，第一次运行时，Dreamweaver CC 会让用户设置界面风格，如图 1-4 所示。

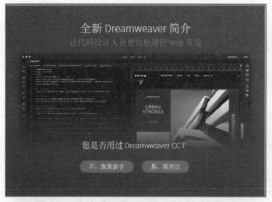

图 1-4
第一次登录时的
界面设置

3. Dreamweaver CC 的编辑界面

Dreamweaver CC 和之前的 Dreamweaver 版本相似，分为代码、拆分、设计三个界面，但更注重代码部分的使用，如图 1-5 所示。

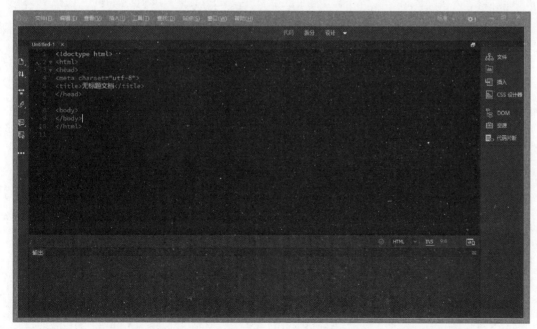

图 1-5
Dreamweaver CC
的编辑界面

⊃思考与训练

一、选择题

1. 新华网是一个（　　　）。

A. 网页　　　　　　B. 网站　　　　　　C. 站点　　　　　　D. 网络

2. 浏览网页时，一般通过（　　）显示网页内容。

A. 播放器　　　　　　B. 操作系统　　　C. 浏览器　　　D. Office 软件

3. 在互联网上，根据一定的规则，使用 HTML 等工具制作的用于展示特定内容的相关网页的集合是指（　　　）。

A. 网站　　　　　　B. 站点　　　　　　C. 网页　　　　　　D. 网络

4. 网页以（　　　）形式存在于计算机中。

A. 文本　　　　　　B. 网页元素　　　C. 站点　　　D. 文件

5. 删除一个站点，则该站点指向的文件夹及里面的文件（　　　　）。

A. 全部被删除　　　B. 部分被删除　　　C. 继续保留　　　D. 不一定

二、简答题

1. HTML5 在网站开发上有哪些优势？

2. 在制作网页过程中，CSS 具有哪些特点？

第2单元　HTML5 构建网页结构

　　HTML5 规范自正式推出以来，不仅支持先前 HTML 和 XHTML 的语法，而且化繁为简，以浏览器原生支持替代部分 JavaScript 代码，其良好的错误处理机制，以及添加的对脚本和布局之间的原生交互能力，极大减少了对外部插件的需求（如 Flash）。HTML5 各类新特性和新元素，如用于绘画的 canvas 元素、用于媒体播放的 video 和 audio 元素、对本地离线存储的更好支持，以及新的表单控件，普通人可以轻松应用。这些新特性的存在，使 HTML5 呈现出比以前任何 HTML 版本都更为强大的开发能力。随着移动互联的发展，HTML5 技术的应用更加广泛。

　　本单元主要介绍 HTML5 的基础知识。通过本单元的学习，将了解 HTML5 的基本语法规范，掌握 HTML5 的新元素和新特性，学会使用 HTML5 进行网页布局。

2.1　HTML5 语法基础

可以说网页的本质就是 HTML，通过结合使用其他的网页技术，可以创造出功能强大的各级网页。

2.1.1　标签、元素的概念

1. 标签

HTML 是一种描述性的标记语言，用于描述网页中内容的显示方式，如图片的大小、边框等。HTML 使用标签来规定网页中各元素的属性和这些元素在文档中的位置。HTML 标签通常成对出现，一个是开始标签，一个是结束标签。开始标签告诉浏览器从这里开始执行该标签所表示的功能，结束标签告诉浏览器该功能到这里结束。HTML 标签是由尖括号"<"和">"包围的关键词。一个标签可以有一个或多个属性，属性以名称和值成对出现。

HTML 标签可分为单独标签和成对标签两种。成对标签的完整定义语法如下：

```
<标签名称  属性 1="值 1" 属性 2="值 2"…>内容</标签名称>
```

根据上述语法格式，定义一段居中显示的文字，其 HTML 实现如下：

```
<p align="center">欢迎学习 HTML5 </p>
```

常用的成对标签有：<html>、<head>、<title>、<body>、<h1>至<h6>、<pre>、<u>、<b>、<i>、<em>、<font>、<blockquote>、<address>、<sup>、<sub>、<p>、<a>、<dl>、<dt>、<dd>、<ol>、<ul>、<li>、<nav>、<table>、<tr>、<td>、<audio>、<video>、<form>、<header>、<footer>、<div>、<article>、<section>、<hgroup>、<canvas>、<dialog>、<span>、<cite>、<strong>、<main>、<figure>、<aside>、<details>、<source>、<summary>等。

单独标签分无属性值和有属性值两类。其中无属性值的语法结构如下：

```
<标签名称  />
```

如
表示换行符。

有属性值的单独标签语法结构如下：

```
<标签名称 属性 1="值 1" 属性 2="值 2"…/>
```

如<hr width="80%"/>表示绘制一条水平线，宽度为浏览器窗体 80%。

常用的单独标签有以下几个：

```
<br>插入一个换行符
<hr>创建一条水平线
<img>插入一张图片
<meta>元信息标记
<link>链接外部样式表
```

 技巧

在 HTML 中，标签名称不区分大小写。在实际制作 HTML 文档时，标签名称使用大写、小写和混写均可，其结果都是一样的。但 HTML5 规定，标签名称用小写。

 试一试

新建一个文本文档，输入以下常用标签，并保存为"常用标签练习.txt"文档。

```
1  <div>HTML 标签练习</div>
2  <span>江雪</span>
3  <td>千山鸟飞绝</td>
4  <font face="隶书" size="5">万径人踪灭</font>
5  <p>孤舟蓑笠翁</p>
6  <h5>独钓寒江雪</h5>
7  <hr size="3" width="75%" />
8  <img src="../pics/logo.png" width="320" height="240" />
```

2. 元素

网页文档由 HTML 元素组成，一个 HTML 元素由一组标签及其属性、元素内容组成，如图 2-1 所示。

图 2-1
元素

在 HTML 文档中，元素内容中可以包含嵌套另一个 HTML 元素，如图 2-2 所示。

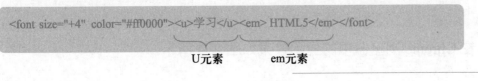

图 2-2
元素嵌套

19

图 2-2 所示代码的运行效果如图 2-3 所示。

图 2-3
HTML 元素示例

学习 HTML5

试一试

请判断下面的 HTML 元素嵌套是否正确。

```
1   <div><h1></h1><p></p></div>
2   <span><a href="1.html"></span></a>
3   <a href="#"><h2><h5></h5></a></h2>
4   <a href="#"><font face="隶书" size="5">HTML5 基础</font></a>
5   <nav><ul><li></li></ul></nav>
```

2.1.2　HTML5 文档的基本结构

网页的内容丰富多彩，为了众多的 Web 浏览器可以正确地解析和显示网页内容，所有的网页必须有一个基本的结构。也就是说，HTML 文档必须包含某些标签来划分各个主体部分，并告诉浏览器该文件所使用的代码类型。下面我们来创建一个简单的 HTML5 文档，参考代码如下：

```
1   <!DOCTYPE html>
2   <html>
3     <head>
4        <meta charset="utf-8">
5        <title>Hello HTML5</title>
6     </head>
7     <body>
8        <h4>HTML5 简介</h4>
9        <p>HTML5 作为超文本标记语言（HTML）的第五次重大修改，进行了多
    达近百项的改进，性能得到了进一步的提升。</p>
10    </body>
11  </html>
```

在 Chrome 浏览器中的显示效果如图 2-4 所示。

20

> **HTML5简介**
> HTML5作为超文本标记语言（HTML）的第五次重大修改，进行了多达近百项的改进，性能得到了进一步的提升。

图 2-4
简单 HTML5 文档

代码的第一行为：

```
<!DOCTYPE html>
```

HTML 中 DOCTYPE 声明必须以感叹号开始，并且要放在整个 HTML 文档的开始处。DOCTYPE 声明表明代码会遵循一定的标准，当浏览器解析 HTML 文档时发现存在 DOCTYPE 声明，将会以标准模式来处理整个 HTML 文档。如 <!DOCTYPE html>是 HTML5 标准网页声明。

早期版本的 HTML 使用复杂的 DOCTYPE 声明。

HTML4.01 版本的 DOCTYPE 声明如下：

```
<!DOCTYPE HTML PUBLIC "-//W3C//DTD HTML 4.01 Transitional// EN"
"http:// www.w3.org/TR/html4/loose.dtd">
```

XHTML1.0 版本的 DOCTYPE 声明如下：

```
<!DOCTYPE html PUBLIC "-//W3C//DTD XHTML 1.0 Transitional// EN"
"http:// www.w3.org/TR/xhtml1/DTD/xhtml1-transitional. dtd">
```

在 HTML5 文档中，除了 DOCTYPE 声明以外的所有代码都应该放在文档根标签<html>中，即<html></html>之间包含所有文档内容。此外，文档主要分成两个部分：一个是头部，定义在<head>标签中；另一个是主体部分，定义在<body>标签中，该主体包含了所有需要显示在浏览器中的内容。

从 HTML5 开始，HTML 文档的字符编码推荐使用 UTF-8。

•2.1.3　实践与体验　编写简单 HTML5 页面

（1）打开 Dreamweaver CC，选择"站点"→"新建站点"命令，如图 2-5 所示。

（2）在弹出的"站点设置对象 html5 基础知识"对话框中，输入站点名称后，单击"本地站点文件夹"文本框右侧的"浏览"按钮，如图 2-6 所示。

（3）在弹出的"选择根文件夹"对话框中，定位到本地计算机的合适位置。本例中我们把这个站点建立在 E 盘根目录下。进入 E 盘后，单击"新建文件夹"按钮，新建一个用于存放 HTML5 文档的网站根文件夹，此例中建立的根文件夹命名为"html5 第一个站点"。选中新建的文件夹，单击"选择文件夹"按钮，如图 2-7 所示。

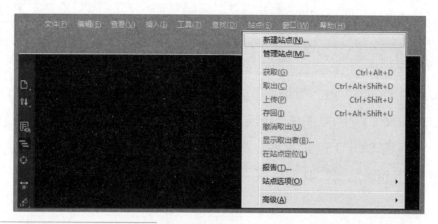

图 2-5
新建站点

图 2-6
站点基本设置

图 2-7
指定本地站点文件夹

最后单击"保存"按钮，完成站点的建立，如图 2-8 所示。

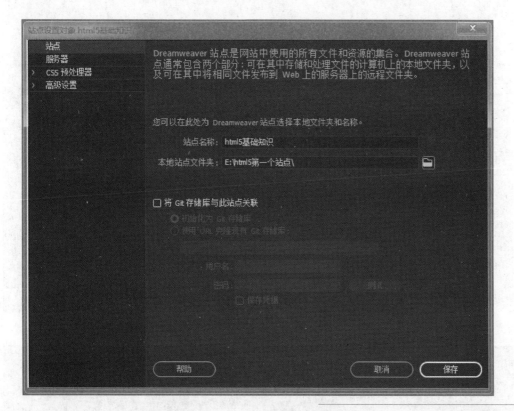

图 2-8
保存站点

（4）选择"文件"→"新建"命令，如图 2-9 所示。

图 2-9
新建 HTML 文件

在弹出的"新建文档"对话框中选择"文档类型"为 HTML5，标题为"HTML5 新特性介绍"，设置完成后，单击"创建"按钮，如图 2-10 所示，完成后进入 HTML5 编辑界面，如图 2-11 所示。

（5）在新建的 HTML5 文档中，找到<body></body>标签，在该标签内部输入相应内容。效果如图 2-12 所示。

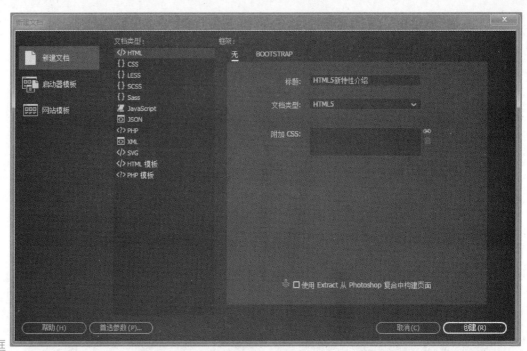

图 2-10
"新建文档"对话框

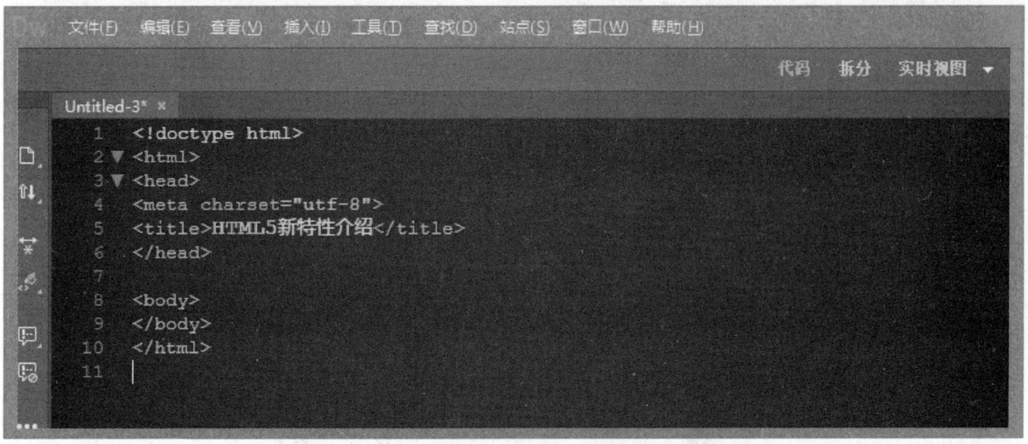

图 2-11
HTML5 编辑界面

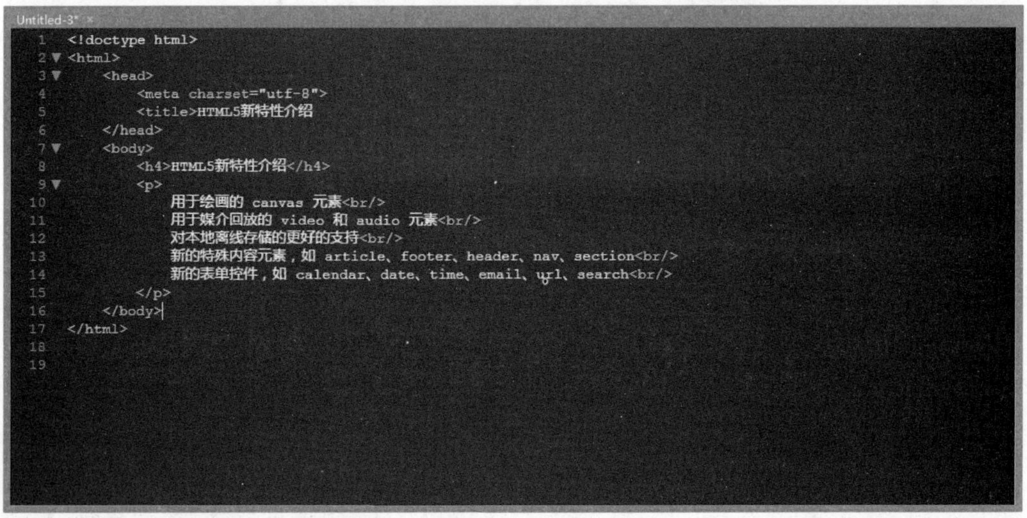

图 2-12
HTML 代码

（6）选择"文件"→"保存"命令，在弹出的"另存为"对话框中将该文档命名为"index.html"，单击"保存"按钮，如图 2-13 所示。

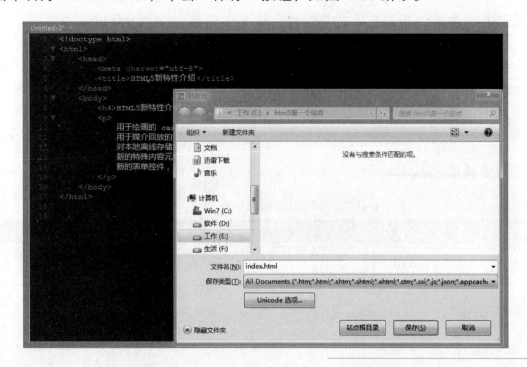

图 2-13
保存 HTML5 文档

最后按快捷键 F12 在 Chrome 浏览器中预览，效果如图 2-14 所示。

HTML5新特性介绍

用于绘画的 canvas 元素
用于媒介回放的 video 和 audio 元素
对本地离线存储的更好的支持
新的特殊内容元素，如 article、footer、header、nav、section
新的表单控件，如 calendar、date、time、email、url、search

图 2-14
Chrome 浏览器中的预览效果

 提示

Google 的 Chrome 浏览器对 HTML5 支持较为全面，建议安装最新版本的 Chrome 浏览器进行预览。在 Dreamweaver CC 中设置 Chrome 浏览器为主浏览器，执行以下操作：选择"编辑"→"首选项"命令，在"分类"一栏内选中"实时预览"，在右侧的窗格内选中"Google Chrome"，勾选下方的"主浏览器"，最后单击"应用"按钮。至此，当按快捷键 F12 时，就能调用 Chrome 浏览器进行预览。

2.2　HTML5 基本元素应用

HTML 基本元素的组合应用，使我们能利用这些元素呈现不同的布局效果。例如，列表元素是一种非常实用高效的数据排列方式；图像元素能很好地修饰

25

和点缀整个页面；超链接元素能为页面提供很好的交互体验；表格元素既能用于页面排版，还能作为数据呈现，提供一种美观有效的形式；标题元素和段落元素能组合文字，提高文字的易读性，让文字内容合并为段落显示。

•2.2.1　p 元素

在 HTML 中，段落通过<p>标签定义，其语法结构如下：

```
<p>段落文字内容</p>
```

可选属性见表 2-1。

表 2-1　p 元素属性列表

属性	值	描述
align	left、right、center、justify	文字水平对齐方式。建议在实际开发中使用 CSS 样式表替代该属性

 提示

是上标标签。
是下标标签。

是换行符。

 试一试

```
1    <!DOCTYPE html>
2    <html>
3    <head>
4    <meta charset="utf-8">
5    <title>p 元素举例</title>
6    </head>
7    <body>
8        <p align="center">
9            解方程：<br/>
10           x<sup>2</sup>+y<sup>2</sup>=z<sup>2</sup>
11       </p>
12   </body>
13   </html>
```

运行这段代码，效果如图 2-15 所示。

解方程：
$$x^2+y^2=z^2$$

图 2-15
p 元素举例预览效果

• 2.2.2 h1～h6 元素

标题文字共 6 种标签，每种标题在字号大小上有明显的区分，h1～h6 是依次减小的。其语法结构如下：

```
<h1>1 级标题</h1>

<h2>2 级标题</h2>

<h3>3 级标题</h3>

<h4>4 级标题</h4>

<h5>5 级标题</h5>

<h6>6 级标题</h6>
```

1 级标题字号最大，6 级标题字号最小。

可选属性见表 2-2。

表 2-2 h1～h6 元素属性列表

属性	值	描述
align	left、right、center、justify	文字水平对齐方式。建议在实际开发中使用 CSS 样式表替代该属性

 试一试

```
1    <!DOCTYPE html>
2    <html>
3    <head>
4    <meta charset="utf-8">
5    <title>h1～h6 举例</title>
6    </head>
7    <body>
8        <h1>1 级 HTML5 基础</h1>
9        <h2>2 级 HTML5 基础</h2>
10       <h3>3 级 HTML5 基础</h3>
```

27

```
11        <h4>4 级 HTML5 基础</h4>
12        <h5>5 级 HTML5 基础</h5>
13        <h6>6 级 HTML5 基础</h6>
14    </body>
15    </html>
```

运行这段代码，效果如图 2-16 所示。

1级HTML5基础

2级HTML5基础

3级HTML5基础

4级HTML5基础

5级HTML5基础

6级HTML5基础

图 2-16
h1-h6 元素举例预览效果

2.2.3　a 元素

1.　超链接概念及基本语法

超链接是指从一个网页指向一个目标的链接关系，这个目标可以是另一个网页，也可以是相同网页上的不同位置，还可以是一张图片，一个电子邮件地址，一个文件，甚至是一个应用程序。超链接是 HTML 中最强大、最有价值的功能之一，它的存在为多个页面之间确定了相互的导航关系。超链接在 HTML 中使用<a>标签定义，其基本语法结构如下：

```
<a href="URL">超链接显示内容</a>
```

> **提示**
>
> 　超链接显示内容，可以是文字、图片或其他 HTML 元素。
>
> 　URL 即统一资源定位符（Uniform Resource Locator），是对可以从互联网上得到的资源位置和访问方法的一种简洁的表示，是互联网上资源的标准地址。

2．绝对路径与相对路径

属性 href 中的 URL 可以是绝对路径、相对路径、外部的网址链接、表示空链接的"#"或简单脚本等内容。其中绝对路径是指网站中的文件或是目录在硬盘中的真实路径。在站点内部的超链接使用绝对路径存在两个明显的缺点：输入的路径较长或较复杂；文件在移动后可能无法被正确链接。所以在实际使用中，内部链接较少使用绝对路径，主要使用相对路径。

相对路径的使用方法如下：

● 若链接到同目录下，则直接输入要链接的文件名称，如 href="news.html"。

● 若链接到下级目录中的文件，则需先输入目录名称，在名称后加"/"，最后再输入要链接的文件名称，如 href="images/a.png"。

● 若链接到上级目录中的文件，则先输入"../"，再输入目录名称和文件名，如 href="../htmls/news.html"。

3．常用可选属性

常用可选属性见表 2-3，其中 download 为 HTML5 的新属性。

表 2-3　a 元素属性列表

属性	值	描述
href	URL	规定链接指向的页面资源
download	文件名	明确执行下载行为，并指定被下载的文件名称
name	用户自定义	规定锚的名称
target	_new、_blank、_parent、_self、_top	规定打开链接文档的方式：_new 表示始终在同一新窗口打开；_blank 表示在不同的新窗口中打开；_parent 表示在上一级窗口中打开，常在框架页面内使用；_self 表示在本窗口中打开，为默认值；_top 表示在浏览器的顶层打开，将会替换当前所有框架结构

4．超链接的分类

超链接可分为以下 5 类。

（1）内部超链接。内部超链接是指在同一个网站内部，不同 HTML 页面之间的链接关系。语法结构如下：

```
<a href="绝对地址或相对地址">超链接内容</a>
```

 试一试

本例中共包含 2 个网页文件，分别是"简介.html"和"详细介绍.html"。其中"简介.html"为起始页，"详细介绍.html"是在与"简介.html"文件同级

的 htmls 文件夹中。

"简介.html"代码如下：

```
1   <!DOCTYPE html>
2   <html>
3   <head>
4   <meta charset="utf-8">
5   <title>简介</title>
6   </head>
7   <body>
8       <h2>杭州</h2>
9       <p>杭州人文古迹众多，西湖及其周边有大量的自然及人文景观遗迹，具代表性的有西湖文化、良渚文化、丝绸文化、茶文化，流传下来的许多故事已成为杭州文化代表。</p>
10      <a href="htmls/详细介绍.html" target="_self">详细介绍</a>
11  </body>
12  </html>
```

"详细介绍.html"代码如下：

```
1   <!DOCTYPE html>
2   <html>
3   <head>
4   <meta charset="utf-8">
5   <title>详细介绍</title>
6   </head>
7   <body>
8       <h3 align="center">最美杭州</h3>
9       <p>    杭州地处长江三角洲南沿和钱塘江流域，地形复杂多样……</p>
10      <a href="../简介.html">返回</a>
11  </body>
12  </html>
```

 提 示

 该特殊符号表示空格。

30

运行初始页面"简介.html",如图 2-17 所示。单击该页面中的"详细介绍"超链接,则可以在本窗口打开"详细介绍.html"中的内容,如图 2-18 所示。单击"返回"超链接则返回初始页面"简介.html"。

杭州

杭州人文古迹众多,西湖及其周边有大量的自然及人文景观遗迹,具代表性的有西湖文化、良渚文化、丝绸文化、茶文化,以及流传下来的许多故事传说成为杭州文化代表。

详细介绍

图 2-17
简介页预览效果图

最美杭州

　　杭州地处长江三角洲南沿和钱塘江流域,地形复杂多样。杭州市西部属浙西丘陵区,主干山脉有天目山等。东部属浙北平原,地势低平,河网密布,湖泊密布,物产丰富,具有典型的"江南水乡"特征。杭州处于亚热带季风区,属于亚热带季风气候,四季分明,雨量充沛。全年平均气温17.8℃,平均相对湿度70.3%,年降水量1454mm,年日照时数1765小时。夏季气候炎热,湿润,是新四大火炉之一。杭州物产丰富,素有"鱼米之乡""丝绸之府""人间天堂"之美誉。农业生产条件得天独厚,农作物、林木、畜禽种类繁多,种植林果、茶桑、花卉等品种260多个,杭州蚕桑、西湖龙井茶闻名全国。全市森林面积1635.27万亩,森林覆盖率达64.77%。

返回

图 2-18
详细介绍页预览效果

(2)外部超链接。外部超链接指的是跳转到本网站外部,与其他网站中的页面发生链接关系。

常用的外部超链接语法结构如下:

```
<a href="https://www.×××.com.cn/">链接到外部网站</a>

<a href="mailto:×××@126.com">向×××@126.com 这个邮箱发送邮件</a>

<a href="ftp://221.18.5.76">访问 ftp 服务器</a>
```

(3)书签超链接。书签超链接与超链接组合使用,可以在同一页面或不同页面之间,实现对页面内容的引导和跳转。书签超链接的语法结构如下:

```
<a name="书签名称"></a>
```

与其组合使用的超链接格式为:

```
<a href="#书签名称">超链接内容</a>
```

 试一试

```
1   <!DOCTYPE html>
2   <html>
3   <head>
```

4	`<meta charset="utf-8">`
5	`<title>书签超链接</title>`
6	`</head>`
7	`<body>`
8	`<a href="#bookmarker">跳转至本页交通信息处</a>`
9	`<p>`西湖古称"钱塘湖",又名"西子湖",古代诗人苏轼就对它评价道:"欲把西湖比西子,淡妆浓抹总相宜。"……`</p>`
10	`      `
11	`<p><a name="bookmarker"></a>`交通信息:` `
12	线路:杭州以"Y"字打头的公车都是旅游线,线路涵盖了所有西湖周围的景点,非常方便。建议如果时间比较紧张,可以乘坐游 9 环湖游。因为西湖一边依着城,一边傍着山,这样湖光山色与城市景象都可以从从容容地领略到。` `
13	如要游览西湖周围的景区,还能选择 2 层敞篷环西湖观光车,车费也不是很贵。` `
14	苏堤:乘 507、504、K4、游 2 路苏堤站下` `
15	曲院风荷:乘 507、538、15 路曲院风荷站下` `
16	平湖秋月:27 路,7 路岳坟站下` `
17	断桥:K7 断桥残雪站下` `
18	柳浪闻莺:乘 K4、38 路清波门站下
19	`</body>`
20	`</html>`

运行代码后,单击"跳转至本页交通信息处"超链接,则页面显示的内容将会跳转到书签`<a name="bookmarker"></a>`所在处。具体效果如图 2-19 和图 2-20 所示。

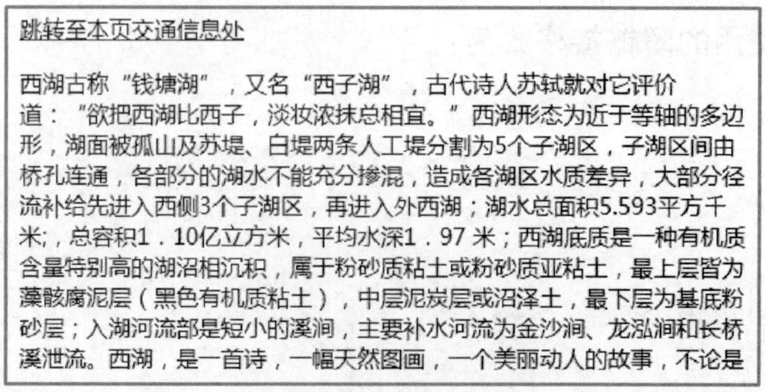

图 2-19
书签超链接默认显示效果图

32

交通信息：
线路：杭州以"Y"字打头的公车都是旅游线，线路涵盖了所有西湖周围的景点，非常方便。建议如果时间比较紧张，可以乘坐游9环湖游。因为西湖一边依着城，一边傍着山，这样湖光山色与城市景象都可以从容容地领略到。
如要游览西湖周围的景区，还能选择2层敞篷环西湖观光车，车费也不是很贵。
苏堤：乘507、504、K4、游2路苏堤站下
曲院风荷：乘507、538、15路曲院风荷站下
平湖秋月：27路，7路岳坟站下
断桥：K7断桥残雪站下
柳浪闻莺：乘K4、38路清波门站下

图 2-20
书签超链接跳转后效果

（4）脚本超链接。在超链接中，可以通过脚本实现 HTML 本身无法实现的功能。其语法结构如下：

```
<a href="javascript:脚本代码">超链接内容</a>
```

 试一试

```
1   <!DOCTYPE html>
2   <html>
3   <head>
4   <meta charset="utf-8">
5   <title>脚本超链接实例</title>
6   </head>
7   <body>
8       <a href="javascript:alert('这是脚本超链接');">弹出对话框</a>
9   </body>
10  </html>
```

运行这段代码，单击"弹出对话框"超链接后，效果如图 2-21 所示。

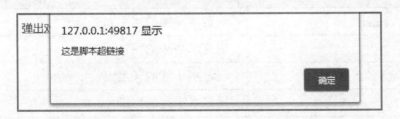

127.0.0.1:49817 显示

这是脚本超链接

确定

图 2-21
脚本超链接预览效果

（5）空链接。空链接是指单击该链接后，页面不跳转，而是仍然停留在当前页面。其语法结构如下：

```
<a href="#">超链接内容</a>
```

试一试

```
1   <!DOCTYPE html>
2   <html>
3   <head>
4   <meta charset="utf-8">
5   <title>空链接实例</title>
6   </head>
7   <body>
8   <a href="#">空链接，单击链接后仍停留在当前页</a>
9   </body>
10  </html>
```

运行这段代码，效果如图 2-22 所示。

图 2-22
空链接预览效果

空链接，单击链接后仍停留在当前页

2.2.4　hr 元素

水平线用于段落和段落之间的分割，使页面内容排版更紧凑，结构更清晰，层次更分明。hr 元素是单标签，其语法结构如下：

```
<hr />
```

常用可选属性见表 2-4。

表 2-4　hr 元素属性列表

属性	值	描述
align	left、right、center	规定水平线的水平对齐方式
color	颜色值	规定水平线的颜色
width	像素或百分比	规定水平线的长度
size	像素或百分比	规定水平线的粗细

 试一试

```
1   <!DOCTYPE html>
2   <html>
3   <head>
```

```
4    <meta charset="utf-8">
5    <title>水平线实例</title>
6    </head>
7    <body>
8    <p align="center">HTML5 的优势</p>
9    <hr align="center" size="4" color="#32c835" width="30%"/>
10   <p>HTML5 解决了 HTML4 等之前规范中的很多问题，增加了许多新特性，例如，
     嵌入音频、视频和图片的函数、客户端存储数据、交互式文档等，通过制定如何
     处理所有 HTML 元素以及如何从错误中恢复的精确规则，HTML5 进一步增强了互动
     性，并有效减少了开发成本。</p>
11   </body>
12   </html>
```

运行上述代码，效果如图 2-23 所示。

HTML5的优势

―――――――――――

HTML5解决了HTML4等之前规范中的很多问题，增加了许多新特性，例如，嵌入音频、视频和图片的函数、客户端存储数据、
交互式文档等，通过制定如何处理所有HTML元素以及如何从错误中恢复的精确规则，HTML5进一步增强了互动性，并有效减
少了开发成本。

图 2-23
hr 元素页面预览
效果

2.2.5 table 元素

1. 表格基本结构及属性

表格是排版的重要手段之一，常规的表格元素通常由 3 个标签构成，它们分别是表格标签\<table>\</table>、行标签\<tr>\</tr>和单元格标签\<td>\</td>。表格的基本结构如下：

```
<table>
    <tr>
        <td>单元格内容</td>
        ...
    </tr>
    <tr>
        <td>单元格内容</td>
        ...
    </tr>
    ......
</table>
```

<table>和</table>标签分别标示表格的开始和结束，每一个<tr></tr>表示的是表格中的一行，有几组<tr></tr>就表明该表格有几行；每一个<td></td>表示表格中的一个单元格。一行有几个单元格，只要统计该<tr></tr>内有几组<td></td>标签即可。在表格基本结构的基础上，还可以为表格添加<caption></caption>标签，该标签为表格标示一个标题行，通常用来存放表格标题。

在表格中还有一类比较特殊的单元格，称为表头，用标签<th></th>表示。表头一般位于表格的第一行，表头的内容默认为加粗居中显示，其使用方法与<td></td>标签相同。

常用可选属性见表 2-5。

表 2-5　table 元素属性列表

属性	值	描述
align	left、right、center	规定表格的水平对齐方式
border	像素	规定表格的边框宽度
width	像素或百分比	规定表格的宽度
bordercolor	颜色值	规定表格边框的颜色
cellpadding	像素或百分比	规定单元格内部边沿与内容之间的距离
cellspacing	像素或百分比	规定单元格之间的距离
bgcolor	颜色值	规定表格的背景颜色

 试一试

```
1    <!DOCTYPE html>
2    <html>
3    <head>
4    <meta charset="utf-8">
5    <title>表格实例</title>
6    </head>
7    <body>
8        <table border="1" bordercolor="#ff0004" cellspacing="0" width="50%">
9            <caption>期末考试成绩</caption>
10           <tr>
11               <th>姓名</th>
12               <th>数学</th>
13               <th>Photoshop</th>
```

36

14	`<th>信息技术</th>`
15	`</tr>`
	`<tr>`
16	`<td>李*</td>`
17	`<td>87</td>`
18	`<td>89</td>`
19	`<td>85</td>`
20	`</tr>`
21	`<tr>`
22	`<td>王*</td>`
23	`<td>88</td>`
24	`<td>90</td>`
25	`<td>92</td>`
26	`</tr>`
27	`</table>`
28	`</body>`
29	`</html>`

运行代码，效果如图 2-24 所示。

期末考试成绩			
姓名	数学	Photoshop	信息技术
李*	87	89	85
王*	88	90	92

图 2-24
表格基本结构预览效果

2. 行标签`<tr>`

行标签`<tr>`的常用属性见表 2-6。

表 2-6　行标签`<tr>`属性列表

属性	值	描述
align	left、right、center、justify	规定行的水平对齐方式
bgcolor	颜色值	规定行的背景颜色
valign	top、middle、bottom、baseline	规定行中内容的垂直对齐方式

 试一试

1	`<!DOCTYPE html>`

37

```
2   <html>
3   <head>
4   <meta charset="utf-8">
5   <title>表格实例</title>
6   </head>
7   <body>
8       <table  border="1" bordercolor="#ff0004" cellspacing="0" width="500">
9           <caption>工资统计</caption>
10          <tr bgcolor="#6f97f7" align="center">
11              <th>姓名</th>
12              <th>基本工资</th>
13              <th>绩效工资</th>
14          </tr>
15          <tr align="center">
16              <td>李*</td>
17              <td>4087</td>
18              <td>3009</td>
19          </tr>
20          <tr align="center">
21              <td>晓*</td>
22              <td>5088</td>
23              <td>5600</td>
24          </tr>
25          <tr align="center" bgcolor="#fd9394">
26              <td>陈*</td>
27              <td>3088</td>
28              <td>9700</td>
29          </tr>
30      </table>
31  </body>
32  </html>
```

运行效果如图 2-25 所示。

工资统计		
姓名	基本工资	绩效工资
李＊	4087	3009
晓＊	5088	5600
陈＊	3088	9700

图 2-25
表格结构及其属性预览效果

3. 单元格标签<td>

单元格标签<td>的常用属性见表 2-7。

表 2-7   单元格标签<td>属性列表

属性	值	描述
align	left、right、center、justify	规定单元格的水平对齐方式
bgcolor	颜色值	规定单元格的背景颜色
valign	top、middle、bottom、baseline	规定单元格中内容的垂直对齐方式
width	像素或百分比	规定表格单元格的宽度
height	像素或百分比	规定表格单元格的高度
rowspan	数值	规定单元格可横跨的行数
colspan	数值	规定单元格可横跨的列数

 试一试

```
1   <!DOCTYPE html>
2   <html>
3   <head>
4   <meta charset="utf-8">
5   <title>表格实例</title>
6   </head>
7   <body>
8       <table border="1" bordercolor="#ff0004" cellspacing="0" width="500">
9           <caption>图书销售</caption>
10          <tr bgcolor="#dcf0a9">
11              <th>类别</th>
12              <th>书籍名称</th>
13          </tr>
14          <tr align="center">
15              <td rowspan="3">编程书籍</td>
```

39

```
16          <td>PHP 程序设计</td>
17       </tr>
18       <tr>
19          <td align="center">C#从入门到精通</td>
20       </tr>
21       <tr>
22          <td align="center">ASP.net 程序设计</td>
23       </tr>
24       <tr align="center">
25          <td rowspan="2">考试考证类</td>
26          <td>高考英语冲刺卷</td>
27       </tr>
28       <tr>
29          <td align="center" bgcolor="#f4a3a5">黄冈数学卷</td>
30       </tr>
31    </table>
32  </body>
33  </html>
```

运行代码，效果如图 2-26 所示。

图书销售	
类别	书籍名称
编程书籍	PHP程序设计
	C#从入门到精通
	ASP.net程序设计
考试考证类	高考英语冲刺卷
	黄冈数学卷

图 2-26
图书销售页面预览效果

2.2.6　img 元素

网页中使用图像资源，使得页面整体布局合理，界面美观且具有层次感。主流的浏览器一般支持 GIF、JPG 和 PNG 格式图像文件。在网页中使用图像文件的语法结构如下：

```
<img src="图像文件地址"/>
```

属性 src 参数用来设置图像文件的地址，地址既可以是相对路径，也可以是绝对路径。

40

img 元素的常用属性见表 2-8。

表 2-8 img 元素属性列表

属性	值	描述
src	图像地址	图像文件的绝对路径或相对路径
alt	自定义文本内容	规定图像无法显示时的提示内容
align	top、bottom、middle、left、right	规定图片相对文本的对齐方式
border	像素	规定图像的边框粗细
hspace	像素	定义图像左侧和右侧的留白距离
vspace	像素	定义图像顶部和底部的留白距离
width	像素或百分比	规定图像的宽度
height	像素或百分比	规定图像的高度
title	自定义文本内容	规定鼠标移到图像上时的提示性文字

试一试

```
1   <!DOCTYPE html>
2   <html>
3   <head>
4   <meta charset="utf-8">
5   <title>图像元素实例</title>
6   </head>
7   <body>
8       <h3>HTML5 概述</h3>
9       <img title="HTML5 图标" src="pics/h5.jpg" width="200" height=
    "200" align="left" hspace="20" />
10      <p>自正式推出以来，HTML5 规范不仅支持先前 HTML 和 XHTML 的语法，而且
    化繁为简，以浏览器原生支持替代复杂的 JavaScript 代码……</p>
11  </body>
12  </html>
```

运行结果如图 2-27 所示。

HTML5概述

HTML5规范自正式推出以来，不仅支持先前HTML和XHTML的语法，而且化繁为简，以浏览器原生支持替代部分JavaScript代码，其良好的错误处理机制，以及对脚本和布局之间的原生交互能力，极大减少了对外部插件的需求(如Flash)。HTML5各类新特性和新元素，如用于绘画的canvas元素、用于媒体播放的video和audio元素、对本地离线存储的更好支持，以及新的表单控件，普通人可以轻松应用。这些新特性的存在，使HTML5呈现出比以前任何HTML版本都更为强大的开发能力。随着移动互联的发展，HTML5技术的应用更加广泛。

图 2-27
图像元素实例预览效果

•2.2.7　ul 元素

无序列表中，各个列表项之间没有顺序级别之分。其语法结构如下：

```
<ul type="符号类型">
    <li>无序列表项 1</li>
    <li>无序列表项 2</li>
    <li>无序列表项 3</li>
    …
</ul>
```

在无序列表中，可以包含任意多个列表项<li></li>。type 属性默认情况下，其项目符号是"•"，通过设置 type 属性的参数，我们可以方便地修改其默认值。type 属性参数类型见表 2-9。

表 2-9　ul 元素 type 属性列表

符号类型	符号
disc	•
circle	○
square	■

 试一试

1	`<!DOCTYPE html>`
2	`<html>`
3	`<head>`
4	`<meta charset="utf-8">`
5	`<title>无序列表实例</title>`
6	`</head>`
7	`<body>`

```
8      <h3>HTML5 中的新规则</h3>
9      <ul type="circle">
10         <li>新特性应该基于 HTML、CSS、DOM 及 JavaScript</li>
11         <li>减少对外部插件的需求（如 Flash）</li>
12         <li>更优秀的错误处理</li>
13     </ul>
14     <hr align="left" width="400" color="#9ddf1d">
15     <h3 >HTML5 中的新特性</h3>
16     <ul type="square">
17         <li>用于绘画的 canvas 元素</li>
18         <li>用于媒介回放的 video 和 audio 元素</li>
19         <li>对本地离线存储的更好支持</li>
20     </ul>
21  </body>
22  </html>
```

运行效果如图 2-28 所示。

HTML5中的新规则

- 新特性应该基于 HTML、CSS、DOM 及 JavaScript
- 减少对外部插件的需求（如 Flash）
- 更优秀的错误处理

HTML5中的新特性

- 用于绘画的 canvas 元素
- 用于媒介回放的 video 和 audio 元素
- 对本地离线存储的更好支持

图 2-28
ul 元素应用预览效果

2.2.8　ol 元素

有序列表中，各个列表项不是使用符号来进行排列，而是采用数字或者字母的先后顺序进行组织排序。其语法结构如下：

```
<ol type="序号类型符" start="数值">
    <li>有序列表项 1</li>
    <li>有序列表项 2</li>
    <li>有序列表项 3</li>
    ...
</ol>
```

有序列表中，type 属性的序号类型符有 5 种，见表 2-10。

表 2-10 ol 元素 type 属性列表

序号类型符	序号效果	序号类型符	序号效果
1	数字 1,2,3……	i	小写罗马数字
a	小写英文字母	I	大写罗马数字
A	大写英文字母		

默认情况下，列表项是从 1 开始计数，通过修改 start 属性的参数，可以调整起始数值。这种调整对数字、英文字母和罗马数字均起作用。

 试一试

```
1    <!DOCTYPE html>
2    <html>
3    <head>
4    <meta charset="utf-8">
5    <title>有序列表实例</title>
6    </head>
7    <body>
8        <h3>HTML5 中的新规则</h3>
9        <ol type="1">
10           <li>新特性应该基于 HTML、CSS、DOM 及 JavaScript</li>
11           <li>减少对外部插件的需求（如 Flash）</li>
12           <li>更优秀的错误处理</li>
13       </ol>
14       <hr align="left" width="400" color="#9ddf1d">
15       <h3 >HTML5 中的新特性</h3>
16       <ol type="A" start="4">
17           <li>用于绘画的 canvas 元素</li>
18           <li>用于媒介回放的 video 和 audio 元素</li>
19           <li>对本地离线存储的更好支持</li>
20       </ol>
```

```
21    </body>
22    </html>
```

代码运行效果如图 2-29 所示。

HTML5中的新规则

1. 新特性应该基于 HTML、CSS、DOM 及 JavaScript
2. 减少对外部插件的需求（如 Flash）
3. 更优秀的错误处理

HTML5中的新特性

D. 用于绘画的 canvas 元素
E. 用于媒介回放的 video 和 audio 元素
F. 对本地离线存储的更好支持

图 2-29
ol 元素应用预览效果

•2.2.9　div 元素和 span 元素

HTML 标签可分为两类：块级元素和内联元素。div 作为 HTML 文档中的块级元素，可以作为容器包含几乎所有其他的 HTML 代码。通过将网页分割成独立的块，可以更好地控制网页布局。其语法结构如下：

```
<div id="id 名称" class="类名称">
   …
   …
</div>
```

span 作为 HTML 文档中的内联元素，是语义级的基本元素，它只能容纳文本或者其他内联元素，通常被包括在诸如 div、p 等块元素中使用。其语法结构如下：

```
<span  id="id 名称"  class="类名称">
   …
   …
</span>
```

div 和 span 并不像其他 HTML 元素那样有其明确的语义和显示效果，在实际的网页开发中，div 和 span 元素需借助 CSS（层叠样式表）设置位置、大小、透明度、是否隐藏等属性，逐渐成了布局 HTML5 文档的主力元素。

 试一试

```
1    <!DOCTYPE html>
```

45

```
2    <html>

3    <head>

4    <meta charset="utf-8">

5    <title>div+span 实例</title>

6    </head>

7    <body>

8        <h3>网站导航栏<span>设计</span></h3>

9        <div id="navigator">

10          <ul>

11              <li>首页</li>

12              <li>热点新闻</li>

13              <li>服务介绍</li>

14              <li>联系我们</li>

15          </ul>

16       </div>

17   </body>

18   </html>
```

　　注意 div 和 span 通常只作为容器使用，无具体的语义。上述代码的运行效果如图 2-30 所示。

```
┌─────────────────────────┐
│ 网站导航栏设计            │
│                          │
│  ● 首页                  │
│  ● 热点新闻              │
│  ● 服务介绍              │
│  ● 联系我们              │
└─────────────────────────┘
```

图 2-30
div 和 span 元素应用预览效果

•2.2.10　实践与体验　编写求职简历页面

　　（1）打开 Dreamweaver CC，新建站点，站点名称为"求职简历"。建立站点的方法详见 2.1.3 实践与体验部分。

　　（2）在右侧面板处，右击"站点-求职简历（E:\求职简历站点）"，在弹出的快捷菜单中选择"新建文件夹"命令，如图 2-31 所示。

46

图 2-31
选择"新建文件夹"命令

（3）将新建的文件夹命名为"pics"，复制素材"tx.jpg"至该文件夹内，如图 2-32 所示。

图 2-32
复制素材

（4）右击"站点-求职简历（E:\求职简历站点）"，在弹出的快捷菜单中选择"新建文件"命令，将其命名为"求职简历.html"，如图 2-33 所示。

图 2-33
新建文件

（5）双击"求职简历.html"，进入文档编辑状态，在 Dreamweaver CC 的编辑区，输入以下代码：

```
1   <!DOCTYPE html>
2   <html>
3   <head>
4   <meta charset="utf-8">
5   <title>编写简单求职简历页面</title>
6   </head>
7   <body>
8       <div id="biaoti">
9           <h2 align="center">求职简历</h2>
10      </div>
11      <div id="biaoge">
12          <table border="1" cellspacing="0" align="center" width="60%">
13              <tr>
14                  <td>姓名</td>
15                  <td>李昊*</td>
16                  <td>性别</td>
17                  <td>男</td>
18                  <td rowspan="4" align="center"><img src="pics/tx.jpg" width= "252" height="264" /></td>
19              </tr>
20              <tr>
21                  <td>出生年月</td>
22                  <td>1984-2-12</td>
23                  <td>联系电话</td>
24                  <td>1895807××××</td>
25              </tr>
26              <tr>
27                  <td>学历</td>
28                  <td>大学本科</td>
29                  <td>专业</td>
```

```
30              <td>临床护理</td>
31          </tr>
32          <tr>
33              <td>毕业学校</td>
34              <td>浙大医学院</td>
35              <td>住址</td>
36              <td>拱墅区××号</td>
37          </tr>
38          <tr>
39              <td>电子邮件</td>
40              <td colspan="4"><a href="mailto:××××@126.com">××××
@126.com </a></td>
41          </tr>
42      </table>
43    </div>
44 <hr size="2" color="#000000" width="80%">
45    <div id="beizhu">
46        <p align="left">备注：本人性格开朗，具备以下优点<br/>
47          <ol>
48              <li>具备良好的与他人沟通的能力</li>
49              <li>思维敏捷，能运用所学习的知识解决相关问题</li>
50              <li>学习勤奋，工作负责认真，进取精神强</li>
51              <li>为人诚实，具备协同合作的团队精神</li>
52              <li>身体健康</li>
53          </ol>
54        </p>
55    </div>
56 </body>
57 </html>
```

49

（6）按快捷键 F12 在 Chrome 浏览器中预览，效果如图 2-34 所示。

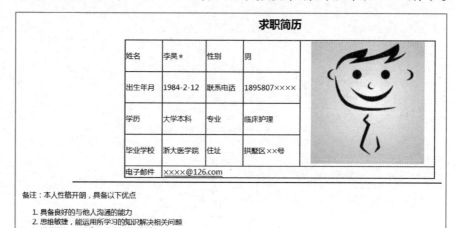

图 2-34
求职简历页面在
Chrome 浏览器
中的预览效果

2.3　HTML5 结构元素应用

在 HTML5 中，为了使整个文档的结构在更加明确的同时又具备良好的语义性，便于阅读和理解，新增加了很多主体结构元素，如 main、nav、article、section 和 aside。除主体结构元素外，HTML5 中还增加了若干表示逻辑结构或附加信息的非主体结构元素，如 figure、header 和 footer。本节将详细介绍这些元素的定义、使用方法及相关示例。正是元素的组合使用，才使得 HTML5 页面的主体结构在布局时变得更加简单、清晰和便捷。

2.3.1　header 元素

header 元素是一种具有引导和导航作用的结构元素，通常表示整个页面或页面上的一个内容块的头部，它可以包含标题元素 h1～h6（并非必须），也可以包含其他的内容，如导航、logo、表单等。如果一个页面上包含多个内容块，就可以为每个内容块分别加上一个 header 元素，也就是说，一个 HTML 文档可以有任意数量的 header 元素，这些 header 元素的语义要根据上下文进行理解。

 试一试　header 元素应用

```
1   <!DOCTYPE html>
2   <html>
3   <head>
4   <meta charset="utf-8">
```

```
5   <title>header 元素实例</title>
6   </head>
7   <body>
8       <p>
9           <header>
10              <h2>北斗卫星导航系统</h2>
11          </header>
12              北斗卫星导航系统是中国着眼于国家安全和经济社会发展需要，自主建
        设、独立运行的卫星导航系统，是为全球用户提供全天候、全天时、高精度的定
        位、导航和授时服务的国家重要空间基础设施。北斗系统具有以下特点：一是北
        斗系统空间段采用三种轨道卫星组成的混合星座，与其他卫星导航系统相比高轨
        卫星更多，抗遮挡能力强，其低纬度地区性能特点更为明显。二是北斗系统提供
        多个频点的导航信号，能够通过多频信号组合使用等方式提高服务精度。三是北
        斗系统创新融合了导航与通信能力，具有实时导航、快速定位、精确授时、位置
        报告和短报文通信服务五大功能。
13      </p>
14  </body>
15  </html>
```

运行代码，效果如图 2-35 所示。

北斗卫星导航系统

北斗卫星导航系统是中国着眼于国家安全和经济社会发展需要，自主建设、独立运行的卫星导航系统，是为全球用户提供全天候、全天时、高精度的定位、导航和授时服务的国家重要空间基础设施。北斗系统具有以下特点：一是北斗系统空间段采用三种轨道卫星组成的混合星座，与其他卫星导航系统相比高轨卫星更多，抗遮挡能力强，其低纬度地区性能特点更为明显。二是北斗系统提供多个频点的导航信号，能够通过多频信号组合使用等方式提高服务精度。三是北斗系统创新融合了导航与通信能力，具有实时导航、快速定位、精确授时、位置报告和短报文通信服务五大功能。

图 2-35
header 元素应用效果预览

2.3.2 figure 和 figcaption 元素

在 HTML 中，通过 figure 元素来定义一块独立的内容，如图像、图表、代码片段等。figure 元素的内容应该与主内容相关，而且独立于上下文。在 figure 元素中，通过 figcaption 元素来定义该内容的标题。figcaption 元素并不是必需的，但如果在 figure 元素内包含它，它就必须是 figure 元素的第一个子元素或最后一个子元素。一个 figure 元素可以包含多个内容块，但最多只允许有一个 figcaption 元素。

🎯 试一试　figure 和 figcaption 元素应用

```
1    <!DOCTYPE html>
2    <html>
3    <head>
4    <meta charset="utf-8">
5    <title>figure 及 figcaption 元素实例</title>
6    </head>
7    <body>
8       <figure>
9          <figcaption>各部门业绩统计</figcaption>
10         <img src="pics/fig.png" width="270" height="250" border="1" />
11      </figure>
12   </body>
13   </html>
```

运行代码，效果如图 2-36 所示。

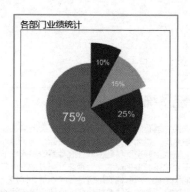

图 2-36
figure 和 figcaption 元素应用效果预览

•2.3.3　footer 元素

footer 元素代表一个内容块的页脚（或脚注），常常位于页面或内容块的结尾，通常包含相关的脚注信息，如作者、版权等。

 试一试　footer 元素应用

```
1    <!DOCTYPE html>
2    <html>
3    <head>
4    <meta charset="utf-8">
```

5	`<title>footer 元素实例</title>`
6	`</head>`
7	`<body>`
8	`<p>`
9	`<header><h3>`中国载人登月初步方案公布，计划 2030 年前实现`</h3></header>`
10	我国计划在 2030 年前实现载人登陆月球开展科学探索，其后将探索建造月球科研试验站，开展系统、连续的月球探测和相关技术试验验证。为完成这项任务，我国科研人员正在研制长征十号运载火箭、新一代载人飞船、月面着陆器、登月服、载人月球车等设备
11	`<footer>` 时间：2023-07-12 `</footer>`
12	`</p>`
13	`</body>`
14	`</html>`

运行效果如图 2-37 所示。

图 2-37
footer 元素应用效果预览

2.3.4 article 元素

article 元素代表文档或页面中独立、完整、可以被外部引用的内容聚合。article 元素可以是一篇博客中的文章、一篇论坛帖子、一段用户评论或其他任何独立的内容。一个 article 元素内部通常可以嵌套 header 和 footer 元素。

试一试 article 元素应用

1	`<!DOCTYPE html>`
2	`<html>`
3	`<head>`
4	`<meta charset="utf-8">`
5	`<title>article 元素实例</title>`
6	`</head>`
7	`<body>`

53

8	`    <article>`
9	`        <header><h3>`神舟十六号探宇　载人航天开启精彩新篇章`</h3>``</header>`
10	`        <p>`2023 年 5 月 30 日 9 时 31 分，搭载神舟十六号载人飞船的长征二号 F 遥十六运载火箭在酒泉卫星发射中心点火发射，约 10 分钟后，神舟十六号载人飞船与火箭成功分离，进入预定轨道，航天员乘组状态良好，发射取得圆满成功。`</p>`
11	`        <footer>` 发布时间：2023-05-30`</footer>`
12	`    </article>`
13	`</body>`
14	`</html>`

运行效果如图 2-38 所示。

神舟十六号探宇 载人航天开启精彩新篇章

2023年5月30日9时31分，搭载神舟十六号载人飞船的长征二号F遥十六运载火箭在酒泉卫星发射中心点火发射，约10分钟后，神舟十六号载人飞船与火箭成功分离，进入预定轨道，航天员乘组状态良好，发射取得圆满成功。

发布时间：2023-05-30

图 2-38
article 元素应用效果预览

2.3.5　section 元素

section 元素用于对页面中的内容进行分块，通常由内容和标题组成。该元素不能理解成一个普通的元素，当一个容器需要被直接定义 CSS 样式时，建议使用 div 而非 section 元素。在 HTML5 中，article 元素可以看成是一种特殊类型的 section 元素，它比 section 元素更强调独立性。具体地说，如果一块内容相对来说比较独立和完整的时候，应该使用 article 元素，但是如果想将一块内容分成几段，应该使用 section 元素。

试一试　section 元素应用

1	`<!DOCTYPE html>`
2	`<html>`
3	`<head>`
4	`<meta charset="utf-8">`
5	`<title>`section 元素实例`</title>`
6	`</head>`
7	`<body>`
8	`    <section>`

54

```
9          <article>
10             <header><h3>柳浪闻莺</h3></header>
11             <p>柳浪闻莺前身是南宋的皇家花园——聚景园。新中国成立后经整
       修，已扩建成为占地三百多亩的大型公园。这里柳叶葱葱，莺声婉转而成为人们
       休闲的好去处。春天的花园柳树荫荫，枝枝翠柳婀娜多姿，有些随风摇曳，更有
       临湖而植者，枝叶俯垂水面，远望如少女浣纱的"浣纱柳"。步履其间，浓荫深处
       的柳树给人以阵阵思绪，悦耳的莺啼声更是撩人遐想。</p>
12             <footer>浏览量：3656343</footer>
13             <hr width="96%" size="2" />
14          </article>
15          <article>
16             <header><h3>平湖秋月</h3></header>
17             <p>平湖秋月位于白堤西端，濒临外西湖，此地商阁凌波，绮窗俯水，
       平台宽方，视野开阔，中秋之夜，月白风清，湖水盈盈，坐在平台茶座上，仰看
       天上月轮当空，俯视湖中月影倒映，天上、湖中两圆月，交相辉映，有使人如入
       广寒宫之感。所以前人题有"万顷湖平长似镜，四时月好最宜秋"的楹联。而且
       假山叠起，四季花木，构成一处诗趣盎然的游览胜景。</p>
18             <footer>浏览量：2677541</footer>
19             <hr width="96%" size="2" />
20          </article>
21       </section>
22  </body>
23  </html>
```

代码运行效果如图 2-39 所示。

柳浪闻莺

柳浪闻莺前身是南宋的皇家花园——聚景园。新中国成立后经整修，已扩建成为占地三百多亩的
大型公园。这里柳叶葱葱，莺声婉转而成为人们休闲的好去处。春天的花园柳树荫荫，枝枝翠柳
婀娜多姿，有些随风摇曳，更有临湖而植者，枝叶俯垂水面，远望如少女浣纱的"浣纱柳"。步
履其间，浓荫深处的柳树给人以阵阵思绪，悦耳的莺啼声更是撩人遐想。

浏览量：3656343

平湖秋月

平湖秋月位于白堤西端，濒临外西湖，此地商阁凌波，绮窗俯水，平台宽方，视野开阔，中秋之
夜，月白风清，湖水盈盈，坐在平台茶座上，仰看天上月轮当空，俯视湖中月影倒映，天上、湖
中两圆月，交相辉映，有使人如入广寒宫之感。所以前人题有"万顷湖平长似镜，四时月好最宜
秋"的楹联。而且假山叠起，四季花木，构成一处诗趣盎然的游览胜景。

浏览量：2677541

图 2-39
section 元素应用效果预览

55

2.3.6 nav 元素

nav 元素代表页面的导航区域，通常包含一组导航链接。常用于页面主导航栏、侧边导航栏和翻页等栏目的制作。

🎯 **试一试** nav 元素应用

```
1   <!DOCTYPE html>
2   <html>
3   <head>
4   <meta charset="utf-8">
5   <title>nav 元素实例</title>
6   </head>
7   <body>
8       <nav>
9          <ul>
10             <li>网站首页</li>
11             <li>朝闻天下</li>
12             <li>企业招聘</li>
13             <li>图文学院</li>
14         </ul>
15      </nav>
16  </body>
17  </html>
```

代码运行效果如图 2-40 所示。

- 网站首页
- 朝闻天下
- 企业招聘
- 图文学院

图 2-40
nav 元素应用效果预览

2.3.7 aside 元素

aside 元素用于定义与文档的主内容区相关的附属信息部分，但它又独立于主内容区，并且可以被单独拆分出来，而不会对整体内容产生影响。aside

56

元素在实际开发中主要有以下两种使用方法：

（1）被包含在 article 元素中作为主要内容的附属信息部分，其中的内容可以是与当前文档有关的相关资料、名词解释等。

（2）在 article 元素之外使用，作为页面或站点全局的附属信息部分，最典型的是侧边栏。

 试一试 aside 元素应用

```
1   <!DOCTYPE html>
2   <html>
3   <head>
4   <meta charset="utf-8">
5   <title>aside 元素实例</title>
6   </head>
7   <body>
8       <aside>
9           <h3>侧边导航栏</h3>
10          <ul>
11              <li>网站首页</li>
12              <li>热点新闻</li>
13              <li>论坛</li>
14              <li>企业服务</li>
15          </ul>
16      </aside>
17  </body>
18  </html>
```

代码运行效果如图 2-41 所示。

侧边导航栏

- 网站首页
- 热点新闻
- 论坛
- 企业服务

图 2-41
aside 元素应用效果预览

57

•2.3.8　main 元素

main 元素代表文档的主内容区。该内容区对于文档来说应当是唯一的。在一个文档中，不能出现多个 main 元素。

 试一试　main 元素应用

```
1   <!DOCTYPE html>
2   <html>
3   <head>
4   <meta charset="utf-8">
5   <title>main 元素实例</title>
6   </head>
7   <body>
8       <main>
9           <article>
10              <h3>三潭印月</h3>
11              <p>三潭印月位于西湖中部偏南，与湖心亭、阮公墩鼎足而立，合称
    "湖中三岛"，它是由三座葫芦形石塔和"小瀛洲"两个部分组成。</p>
12          </article>
13          <hr />
14          <article>
15              <h3>南屏晚钟</h3>
16              <p>南屏山横亘于西湖南岸，山上林木苍翠，秀石玲珑。山上有一净
    慈寺，位于西湖南岸南屏山慧日峰下，吴越始建，称"永明禅院"，饱经沧桑。</p>
17          </article>
18          <hr />
19          <article>
20              <h3>断桥残雪</h3>
21              <p>断桥残雪景观内涵说法不一，一般指冬日雪后，桥的阳面冰
    雪消融，但阴面仍有残雪似银，从高处眺望，桥似断非断。每当大雪之后，红
    日初照，桥阳面的积雪开始消融，而阴面还是铺琼砌玉，远处观桥，晶莹如玉
    带。</p>
```

58

```
22        </article>
23      </main>
24  </body>
25  </html>
```

代码运行效果如图 2-42 所示。

三潭印月

三潭印月位于西湖中部偏南，与湖心亭、阮公墩鼎足而立，合称"湖中三岛"，它是由三座葫芦形石塔和"小瀛洲"两个部分组成。

南屏晚钟

南屏山横亘于西湖南岸，山上林木苍翠，秀石玲珑。山上有一净慈寺，位于西湖南岸南屏山慧日峰下，吴越始建，称"永明禅院"，饱经沧桑。

断桥残雪

断桥残雪景观内涵说法不一，一般指冬日雪后，桥的阳面冰雪消融，但阴面仍有残雪似银，从高处眺望，桥似断非断。每当大雪之后，红日初照，桥阳面的积雪开始消融，而阴面还是铺琼砌玉，远处观桥，晶莹如玉带。

图 2-42
main 元素应用效果预览

• 2.3.9 实践与体验 整体布局简单网页结构

建立图 2-43 所示对应的网页主体结构。

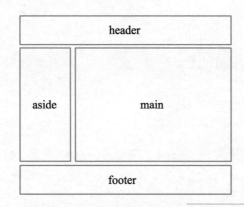

图 2-43
网页主体结构示意图

打开 Dreamweaver CC，新建"网页主体结构布局"站点，在该站点内新建"整体布局.html"文件，并输入以下 HTML 代码。

```
1  <!DOCTYPE html>
2  <html>
3  <head>
4  <meta charset="utf-8">
```

```
5    <title>整体布局简单网页结构</title>
6    </head>
7    <body>
8       <header>
9          <div id="banner">
10            <h3>这里用 header 元素布局整个网站的 logo、banner 等内容
      </h3>
11         </div>
12         <nav>
13            <p>这里用 nav 元素布局网站的导航栏内容</p>
14            <ul>
15               <li>网站首页</li>
16               <li>技术论坛</li>
17               <li>服务内容</li>
18            </ul>
19         </nav>
20      </header>
21      <main>
22         <p>这里用 main 元素布局该页面的主要内容区域</p>
23      </main>
24      <aside>
25         <p>这里是网站的 aside 内容区域</p>
26      </aside>
27      <footer>
28         <p>这里用 footer 元素布局页面的版权信息等内容</p>
29      </footer>
30   </body>
31   </html>
```

代码运行效果如图 2-44 所示。

这里用**header**元素布局整个网站的**logo**、**banner**等内容

这里用**nav**元素布局网站的导航栏内容

- 网站首页
- 技术论坛
- 服务内容

这里用**main**元素布局该页面的主要内容区域

这里是网站的**aside**内容区域

这里用**footer**元素布局页面的版权信息等内容

图 2-44
HTML5 整体布局效果预览

2.4 HTML5 功能元素应用

HTML5 中增加了大量的新元素和新特性，为网页开发提供了更多功能上的优化选择。如支持网页端的 audio、video 和 embed 等多媒体元素，此类元素的组合应用极大减少了对外部插件的需求（如 Flash）。随着 HTML5 中功能元素的不断规范化，开发者可以借助浏览器原生支持的 HTML 标签替代复杂的 JavaScript 代码或插件，从而实现更简单的网页元素操作，获得更佳的执行性能。

2.4.1 hgroup 元素

hgroup 是将标题及其子标题进行组合的元素。虽然 hgroup 中可以出现其他元素，但是为了语义规范，通常只使用标题（h1～h6）标签，且在<hgroup>标签使用时，其内至少包含两个标题标签。

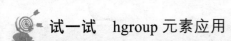 **试一试** hgroup 元素应用

```
1   <!DOCTYPE html>
2   <html>
3   <head>
4   <meta charset="utf-8">
5   <title>hgroup 元素实例</title>
6   </head>
7   <body>
8     <article>
9       <hgroup>
10          <h2>十大旅游景点</h2>
11          <h4>雁荡山</h4>
12      </hgroup>
```

```
13          <p>
14              雁荡山坐落于浙江省温州乐清境内。为首批国家重点风景名胜区，
    中国十大名山之一。因"山顶有湖，芦苇丛生，秋雁宿之"故而得名。雁荡山根
    植于东海，山水形胜，以峰、瀑、洞、嶂见长，素有"海上名山""寰中绝胜"之
    誉，史称"东南第一山"。
15          </p>
16      </article>
17 </body>
18 </html>
```

代码运行效果如图 2-45 所示。

十大旅游景点

雁荡山

雁荡山坐落于浙江省温州乐清境内。为首批国家重点
风景名胜区，中国十大名山之一。因"山顶有湖，芦
苇丛生，秋雁宿之"故而得名。雁荡山根植于东海，
山水形胜，以峰、瀑、洞、嶂见长，素有"海上名山"
"寰中绝胜"之誉，史称"东南第一山"。

图 2-45
hgroup 元素应用效果预览

2.4.2　video 元素

video 元素用于在 HTML 文档中嵌入视频内容，其常用属性见表 2-11。

表 2-11　video 元素属性列表

属性	描述
src	视频文件的绝对路径或相对路径
autoplay	加载完是否自动播放
controls	视频播放时是否显示播放器界面
poster	视频不可用时的替代图片地址
preload	视频是否预加载。有 3 个可选值： ● none 表示不进行预加载； ● metadata 表示只加载视频的元数据（大小字节数、播放时长等）； ● auto 表示预加载全部内容
muted	视频是否静音
loop	视频是否循环播放
width	设置视频画面的宽度
height	设置视频画面的高度

62

试一试 video 元素应用

```
1   <!DOCTYPE html>
2   <html>
3   <head>
4   <meta charset="utf-8">
5   <title>video 元素实例</title>
6   </head>
7   <body>
8       <video src="medias/earth.mp4" autoplay controls preload="auto"
    width="640" height="360"></video>
9   </body>
10  </html>
```

代码运行效果如图 2-46 所示。

图 2-46
video 元素应用效果预览

 技巧

autoplay 和 controls 属性使用以下 2 种设置方法效果等价。

（1）<video src="medias/earth.mp4" autoplay controls></video>

（2）<video src="medias/earth.mp4" autoplay="autoplay" controls="controls"></video>

2.4.3 audio 元素

audio 元素用于在 HTML 文档中嵌入音频内容，其常用属性见表 2-12。

63

表 2-12　audio 元素属性列表

属性	描述
src	音频文件的绝对路径或相对路径
autoplay	加载完是否自动播放
controls	音频播放时是否显示播放器界面
preload	音频是否预加载。有 3 个可选值： ● none 表示不进行预加载； ● metadata 表示只加载音频的元数据（大小字节数、播放时长等）； ● auto 表示预加载全部内容
muted	音频是否静音
loop	音频是否循环播放

试一试　audio 元素应用

```
1   <!DOCTYPE html>
2   <html>
3   <head>
4   <meta charset="utf-8">
5   <title>audio 元素实例</title>
6   </head>
7   <body>
8       <audio src="medias/withoutyou.mp3" autoplay controls></audio>
9   </body>
10  </html>
```

代码运行效果如图 2-47 所示。

图 2-47
audio 元素应用效果预览

2.4.4　source 元素

source 元素为多媒体元素（如 video 和 audio）定义播放的资源文件。当有多个 source 元素被定义时，允许浏览器根据它对多媒体类型或者解码器的支持情况进行选择播放，如果给出的多媒体文件浏览器都支持，那么则任选其一进行播放，其常用属性见表 2-13。

表 2-13　source 元素属性列表

属性	描述
src	资源文件的绝对路径或相对路径
type	资源文件对应的类型，分视频和音频两种。 用于视频的：video/ogg、video/mp4、video/webm 用于音频的：audio/ogg、audio/mpeg

试一试　source 元素应用

```
1   <!DOCTYPE html>
2   <html>
3   <head>
4   <meta charset="utf-8">
5   <title>source 元素实例</title>
6   </head>
7   <body>
8       <video controls width="640" height="360">
9           <source src="medias/earth.mp4" type="video/mp4">
10      </video>
11  </body>
12  </html>
```

代码运行效果如图 2-48 所示。

图 2-48
source 元素应用效果预览

2.4.5　embed 元素

在 HTML5 中 embed 元素定义的是嵌入的内容，其常用属性见表 2-14。

表 2-14　embed 元素属性列表

属性	描述
src	嵌入内容的绝对路径或相对路径
type	定义嵌入内容的类型，常用类型如下。 ● PDF 文件：application/pdf； ● 视频文件：video/mp4； ● 音频文件：audio/mp3
width	设置嵌入内容的宽度
height	设置嵌入内容的高度

 试一试　embed 元素应用

```
1   <!DOCTYPE html>
2   <html>
3   <head>
4   <meta charset="utf-8">
5   <title>embed 元素实例</title>
6   </head>
7   <body>
8       <embed  src="medias/asp.pdf"  width="640"  height="700"  type=
    "application/ pdf" />
9   </body>
10  </html>
```

代码运行效果如图 2-49 所示。

图 2-49
embed 元素应用效果预览

2.4.6　mark 元素

mark 元素表示页面中需要突出显示或高亮显示的内容。

 试一试　mark 元素应用

```
1   <!DOCTYPE html>
2   <html>
3   <head>
4   <meta charset="utf-8">
5   <title>mark 元素实例</title>
6   </head>
7   <body>
8       <article>
9           <h3>普陀山</h3>
10          <p>普陀山风景名胜区位于浙江杭州湾以东约 100 海里，是<mark>舟山
    群岛</mark>中的一个小岛。全岛面积 12.5 平方千米，呈狭长形，南北最长处为
    4.3 千米，东西最宽外 3.5 千米。</p>
11      </article>
12  </body>
13  </html>
```

代码运行效果如图 2-50 所示。

普陀山

普陀山风景名胜区位于浙江杭州湾以东约100海里，是舟山群岛中的一个小岛。全岛面积12.5平方千米，呈狭长形，南北最长处为4.3千米，东西最宽外3.5千米。

图 2-50
mark 元素应用效果预览

2.4.7　dialog 元素

dialog 元素表示显示设定的对话窗口，默认情况下，要为 dialog 元素加上 open 属性，才能正常使用，因为该属性默认是关闭的。

 试一试　dialog 元素应用

```
1   <!DOCTYPE html>
2   <html>
```

3	`<head>`
4	`<meta charset="utf-8">`
5	`<title>dialog 元素实例</title>`
6	`</head>`
7	`<body>`
8	`<h3>dialog 元素应用</h3>`
9	`<dialog open>这些是 dialog 元素的内容</dialog>`
10	`</body>`
11	`</html>`

代码运行效果如图 2-51 所示。

图 2-51
dialog 元素应用效果预览

2.4.8　bdo 和 bdi 元素

bdo 元素允许设定文字的显示方向，常用属性为 dir，其值有 2 种，分别为 ltr 和 rtl。其中 ltr 表示从左到右显示，rtl 表示从右到左显示。

bdi 元素允许设置一段文本，使其隔离父元素的文本方向设置。常用属性为 dir，其值有 3 种，分别为 ltr、rtl 和 auto。

提示

部分浏览器对 bdi 元素的 dir 属性实现效果都不够理想，期待后续版本中能完善对 bdi 元素的支持。如需调整文字显示方向，当前推荐 bdo 元素。

试一试　bdo 和 bdi 元素应用

1	`<!DOCTYPE html>`
2	`<html>`
3	`<head>`
4	`<meta charset="utf-8">`
5	`<title>bdo 和 bdi 元素实例</title>`
6	`</head>`
7	`<body>`

8	`<h3>bdo 元素从右到左显示文字"bdo 元素实例"</h3>`
9	`<bdo dir="rtl">bdo 元素实例</bdo>`
10	`<h3>在上例的基础上，引入 bdi 元素，将"元素实例"四个字从 bdo 元素从`
	`右向左显示的设置中隔离出来，保持正常的显示方法</h3>`
11	`<bdo dir="rtl">bdo<bdi>元素实例</bdi></bdo>`
12	`</body>`
13	`</html>`

代码运行效果如图 2-52 所示。

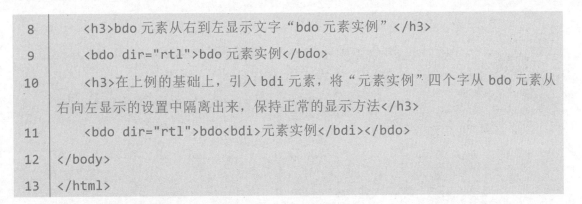

图 2-52
bdo 和 bdi 元素应用效果预览

2.4.9 time 元素

time 元素用于定义公历的时间（24 小时制）或日期，时间和时区偏移是可选的。该元素能够以机器可读的方式对日期和时间进行编码。搜索引擎也能够根据相应的时间生成更智能的搜索结果。常用属性见表 2-15。

表 2-15 time 元素属性列表

属性	描述
datetime	定义元素的日期和时间
pubdate	布尔属性，表示文章或是整个页面的发布日期

 试一试 time 元素应用

1	`<!DOCTYPE html>`
2	`<html>`
3	`<head>`
4	`<meta charset="utf-8">`
5	`<title>time 元素实例</title>`
6	`</head>`
7	`<body>`
8	`<article>`

69

9	`<p><time datetime="2023-1-23">2023 年 1 月 23 日</time></p>`
10	`<p><time datetime="2023-1-23T21:00">2023 年 1 月 23 日晚上 21 点</time></p>.`
11	`<p><time datetime="2023-1-23T21:00Z">2023 年 1 月 23 日晚上 21 点</time></p>`
12	`<p><time datetime="2023-1-23T21:00+09:00">2023 年 1 月 23 日晚上 21 点加 9 小时时差</time></p>`
13	`</article>`
14	`<hr/>`
15	`<article>`
16	`<h3><time datetime="2023-03">3 月工作通知</time></h3>`
17	`<p>发布日期：<time datetime="2023-02-11" pubdate>2023 年 2 月 11 日</time></p>`
18	`<p>鉴于本司当前的经营要求，现对 3 月的工作做出如下安排，请各位悉知，并遵照执行……</p>`
19	`</article>`
20	`</body>`
21	`</html>`

在 time 元素中，通过可选的 datetime 属性来定义时间，它是为机器准备的，机器会按特定格式来读取时间。而<time>和</time>之间的文本内容，是为用户准备的，它是页面中显示的内容。datetime 属性中日期和时间之间用"T"进行分隔，"T"后面的内容表示时间。在 datetime 的值中出现字母"Z"，表示给机器编码时使用 UTC（协调世界时）标准时间。时间后面出现"+"符号，表示在当前时间基础上加上具体时差数后，给机器编码成另一地区时间，如果是编码本地时间，则不需要添加时差。

当定义多个 time 元素时，可以通过 pubdate 属性指定哪个 time 元素中的时间是文章或页面的发布时间。运行效果如图 2-53 所示。

2023年1月23日

2023年1月23日晚上21点

2023年1月23日晚上21点

2023年1月23日晚上21点加9小时时差

3月工作通知

发布日期：2023年2月11日

鉴于本司当前的经营要求，现对3月的工作做出如下安排，请各位悉知，并遵照执行……

图 2-53
time 元素应用效果预览

2.4.10 menu 元素

menu 元素用于定义菜单、工具栏及列出表单控件和命令,其常用属性见表 2-16。

表 2-16 menu 元素属性列表

属性	描述
id	该标签指定唯一标识
type	定义类型,其取值有 contextmenu、list 和 toolbar 3 种
label	定义菜单项的可见标记

在 HTML5 中其语法结构如下:

```
<menu>
    <menuitem label="显示菜单项内容 1"></menuitem>
    <menuitem label="显示菜单项内容 2"></menuitem>
    <menuitem label="显示菜单项内容 3"></menuitem>
    ...
</menu>
```

其中<menuitem>标签的常用属性见表 2-17。

表 2-17 <menuitem>标签属性列表

属性	描述
label	设置菜单项的名称
icon	设置菜单项左侧小图标

试一试 menu 元素应用

```
1   <!DOCTYPE html>
2   <html>
3   <head>
4   <meta charset="utf-8">
5   <title>menu 元素实例</title>
6   </head>
7   <body>
8       <menu id="popmenu" type="contextmenu" >
9           <menuitem label="option1" >选项 1</menuitem>
10          <menuitem label="option2" >选项 2</menuitem>
```

71

11	`<menuitem label="option3" >选项 3</menuitem>`
12	`<menuitem label="option4" >选项 4</menuitem>`
13	`</menu>`
14	`</body>`
15	`</html>`

代码运行效果如图 2-54 所示。

图 2-54
menu 元素应用效果预览

选项1 选项2 选项3 选项4

> **提示**
>
> 目前所有主流浏览器（Chrome、Firefox、Opera、IE 和 Safari）尚未正式支持 HTML5 规范中的 menu 标签。

2.4.11　details 和 summary 元素

details 元素提供了可展开和收缩隐藏的区域。其 open 属性表明网页初始状态下，具体内容是否展开显示。summary 元素从属于 details 元素。当单击 summary 元素中的内容时，details 元素中除 summary 以外的所有元素将展开或收缩显示。

 试一试　details 和 summary 元素应用

1	`<!DOCTYPE html>`
2	`<html>`
3	`<head>`
4	`<meta charset="utf-8">`
5	`<title>details 和 summary 元素实例</title>`
6	`</head>`
7	`<body>`
8	`<details>`
9	`<summary>西塘古镇</summary>`
10	`<p>`
11	西塘——活着的千年古镇，这里的风景很美，有早晨的静谧，也有晚上的喧闹，真的是形态多样，变化多端。这里有桥，有河，还有风格多端的建筑物，真的是太棒了！还有很多好吃的美食，著名的臭豆腐、荷香鸡、白水鱼，这些都很棒，推荐大家都尝尝吧。

```
12          </p>
13      </details>
14  </body>
15  </html>
```

运行代码，初始效果如图 2-55 所示。

▶ 西塘古镇

单击文字"西塘古镇"后，出现一个下拉显示区域，同时，起初向右的箭头变成了向下的箭头，具体如图 2-56 所示。

▼ 西塘古镇

西塘——活着的千年古镇，这里的风景很美，有早晨的静谧，也有晚上的喧闹，真的是形态多样，变化多端。这里有桥，有河，还有风格多端的建筑物，真的是太棒了！还有很多好吃的美食，著名的臭豆腐、荷香鸡，白水鱼，这些都很棒，推荐大家都尝尝吧。

2.4.12 output 元素

output 元素用于显示脚本计算的结果，它必须包含在表单元素 form 内。其基本语法结构为：

```
<form action="do.php" method="post">
    ...
    <output name="res">此处显示计算的结果</output>
    ...
</form>
```

2.4.13 实践与体验 编写展示电影与音乐的页面

（1）在 Dreamweaver CC 中建立站点"电影与音乐"，新建"show.html"文档。

（2）在"show.html"中输入如下代码：

```
1  <!DOCTYPE html>
2  <html>
3  <head>
```

```
4    <meta charset="utf-8">

5    <title>电影与音乐</title>

6    </head>

7    <body>

8        <section>

9            <article>

10               <hgroup>

11                   <h2>电影</h2>

12                   <h4>人与自然：长颈鹿</h4>

13               </hgroup>

14               <p><mark>长颈鹿</mark>：是一种生长在非洲的反刍偶蹄动物，生
     活于非洲稀树草原地带，是草食动物，以树叶及小树枝为主食。</p>

15               <video src="medias/giraffe.mp4" controls autoplay width=
     "320" height="256"></video>

16           </article>

17           <hr/>

18           <article>

19               <hgroup>

20                   <h2>音乐</h2>

21                   <h4>生僻字</h4>

22               </hgroup>

23               <p><mark>茉莉花</mark>：《茉莉花》于 1957 年首次以单曲形式发行。
     </p>

24               <audio src="medias/in_the_end.mp3" controls autoplay></audio>

25           </article>

26       </section>

27   </body>

28   </html>
```

（3）保存"show.html"文档，按快捷键 F12 在 Chrome 浏览器中预览，效
果如图 2-57 所示。

电影

人与自然：长颈鹿

长颈鹿：是一种生长在非洲的反刍偶蹄动物，生活于非洲稀树草原地带，是草食动物，以树叶及小树枝为主食。

音乐

茉莉花

茉莉花：于1957年首次以单曲形式发行。

图 2-57
电影与音乐页面预览效果

2.5 HTML5 表单元素应用

在网页开发中，表单是页面的重要组成部分。表单的主要作用是接收用户的输入，当用户提交表单时，浏览器将用户在表单中输入的数据打包，并发送给服务器，从而实现用户与 Web 服务器的数据交互。在 HTML5 规范中，为开发者提供了大量新的表单类型，配合新增的相关属性，为网页的表单制作提供更完善的规范支持，为用户带来了更佳的使用体验。

2.5.1 表单的概念

表单元素 form 是控件的容器，一个完整的表单通常由 form 元素、表单控件和表单按钮三部分组成。

（1）form 元素：用来创建表单，并通过 method、action 和 enctype 三个属性，来设置表单的提交方式、提交路径和编码类型。

（2）表单控件：主要用来收集用户数据，包括 input、label、select、textarea、datalist、keygen、progress、meter、output 等，也包括对表单控件进行分组显示的 fieldset 和 legend 控件。

（3）表单按钮：包括提交按钮、重置按钮和一般按钮。提交按钮和一般按钮可用于把表单数据发送到服务器，重置按钮用于重置表单，将整个表单恢复到初始状态。

HTML 表单都由 form 元素创建，即以<form>标签开始，以</form>标签结束，在<form>和</form>之间，是表单所需要的控件和按钮。每一个表单控件都有一个 name 属性，用于在提交表单时，对表单数据进行识别。访问者通过提交按钮提交表单，表单提交后，填写的数据就会发送到服务器端进行处理。

🎯 试一试 表单实例制作

```
1   <!DOCTYPE html>
2   <html>
3   <head>
4   <meta charset="utf-8">
5   <title>form 实例</title>
6   </head>
7   <body>
8       <form action="preskq.php" method="post" enctype="application/x-www-form- urlencoded">
9           <label>用户名: </label><input type="text" name="yhm" /><br/>
10          <label>登录密码: </label><input type="password" name="mm" />
11          <p>
12              <input type="submit" value="开始登录" />
13              <input type="reset" value="取消" />
14          </p>
15      </form>
16  </body>
17  </html>
```

代码运行效果如图 2-58 所示。

用户名 :
登录密码 :

开始登录　取消

图 2-58
表单实例预览效果

2.5.2 新增与改良的 input 元素

1. url 输入类型

url 类型的 input 元素是一种专门用来输入 url 地址的文本框。在该内容提交时，如果文本框内的内容不是 url 地址格式，则不允许提交。

试一试　url 输入类型应用

```
1   <!DOCTYPE html>
2   <html>
3   <head>
4   <meta charset="utf-8">
5   <title>url 类型</title>
6   </head>
7   <body>
8       <form action="do.php" enctype="application/x-www-form-urlencoded" method="post">
9           <p>
10              <label>有效的 url 类型文本框：</label>
11              <input type="url" name="url_text" value="http://www.×××. com.cn" />
12          </p>
13          <p>
14              <label>无效的 url 类型文本框：</label>
15              <input type="url" name="url_text2" value="333333" />
16          </p>
17          <input type="submit" value="提交" />
18      </form>
19  </body>
20  </html>
```

代码运行效果如图 2-59 所示。

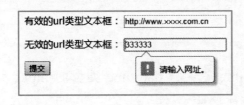

图 2-59
url 输入类型应用效果预览

2. date 输入类型

根据浏览器支持，date 类型的 input 元素以日期选择器的形式呈现，方便用户输入日期类型的数据。

试一试 date 输入类型应用

```
1   <!DOCTYPE html>
2   <html>
3   <head>
4   <meta charset="utf-8">
5   <title>date 类型</title>
6   </head>
7   <body>
8       <form action="do.php" method="post">
9           <label>日期选择器: </label>
10          <input type="date" name="date_picker" />
11      </form>
12  </body>
13  </html>
```

代码运行效果如图 2-60 所示。

图 2-60
date 输入类型应用效果预览

3. datetime 输入类型

datetime 类型的 input 元素专门用于输入 UTC 类型的日期和时间，并在表单提交时会进行数据有效性检查。其语法格式如下：

```
<input type="datetime" name="datetime_picker" />
```

 提示

IE、Firefox、Chrome 不支持 datetime 类型的 input 元素，Safari 中部分支持，Opera12 及更早的版本中完全支持。

4. email 输入类型

email 类型的 input 元素是一种专门用来输入电子邮件地址的文本框。表单提交

78

时会检查该种类型文本框中内容的有效性，若不符合要求则不允许提交。email 类型具有一个 multiple 属性，它允许输入多个邮件地址，在该文本框内用逗号隔开即可。

 试一试 email 输入类型应用

```
1  <!DOCTYPE html>
2  <html>
3  <head>
4  <meta charset="utf-8">
5  <title>email 类型</title>
6  </head>
7  <body>
8      <form action="do.php" method="post">
9          <label>email 类型输入框：</label>
10         <input type="email" name="email_text" multiple />
11         <input type="submit" value="提交" />
12     </form>
13 </body>
14 </html>
```

代码运行效果如图 2-61 所示。

email类型输入框：×××@126.com,×××@yahoo.c 提交

图 2-61
email 输入类型应用效果预览

5. month 输入类型

month 类型的 input 元素是一种专门用来输入月份的文本框，并在表单提交时会对输入的内容有效性进行检查。

 试一试 month 输入类型应用

```
1  <!DOCTYPE html>
2  <html>
3  <head>
4  <meta charset="utf-8">
5  <title>month 类型</title>
6  </head>
```

```
7   <body>
8       <form action="do.php" method="post">
9           <label>month 类型输入框：</label>
10          <input type="month" name="month_text" />
11          <input type="submit" value="提交" />
12      </form>
13  </body>
14  </html>
```

代码运行效果如图 2-62 所示。

图 2-62
month 输入类型应用效果预览

6. number 输入类型

number 类型的 input 元素是一种专门用于输入数字的文本框，且在表单提交时会检查其中内容是否为数字。如果设定了属性 min、max 和 step 的值，则该文本框内容不能超出最大值 max，不能小于最小值 min，并且输入内容的合法间隔是 step。

 试一试　number 输入类型应用

```
1   <!DOCTYPE html>
2   <html>
3   <head>
4   <meta charset="utf-8">
5   <title>number 类型</title>
6   </head>
7   <body>
8       <form action="do.php" method="post">
9           <label>number 类型输入框：</label>
10          <input type="number" name="number_text" />
```

```
11          <input type="submit" value="提交" />
12      </form>
13  </body>
14  </html>
```

代码运行效果如图 2-63 所示。

图 2-63
number 输入类型应用效果预览

7. range 输入类型

range 类型的 input 元素是一种只允许输入一个范围内数值的文本框，具有 max、min 和 step 属性，文本框内容限定在最小值 min 和最大值 max 范围内，每次拖动滑块增减的量为 step 中设置的值。

试一试 range 输入类型应用

```
1   <!DOCTYPE html>
2   <html>
3   <head>
4   <meta charset="utf-8">
5   <title>range 类型</title>
6   </head>
7   <body>
8       <form action="do.php" method="post">
9           <label>range 类型输入框: </label>
10          <input type="range" id="a" min="1" max="10" step="1" />
11      </form>
12  </body>
13  </html>
```

运行效果如图 2-64 所示。

图 2-64
range 输入类型应用效果预览

8. search 输入类型

search 类型的 input 元素是一种专门用来输入搜索关键词的文本框。

81

试一试

```
1   <!DOCTYPE html>
2   <html>
3   <head>
4   <meta charset="utf-8">
5   <title>search 类型</title>
6   </head>
7   <body>
8       <form action="do.php" method="post">
9           <label>请输入搜索关键词：</label>
10          <input type="search" />
11          <input type="submit" value="搜索" />
12      </form>
13  </body>
14  </html>
```

代码运行效果如图 2-65 所示。

图 2-65
search 输入类型应用效果预览

9. tel 输入类型

tel 类型的 input 元素是一种专门用来输入电话号码的文本框。

 试一试　tel 输入类型应用

```
1   <!DOCTYPE html>
2   <html>
3   <head>
4   <meta charset="utf-8">
5   <title>tel 类型</title>
6   </head>
7   <body>
8       <form action="" method="post">
9           <label>请输电话号码：</label>
10          <input type="tel" />
```

```
11          <input type="submit" value="提交电话号码" />
12      </form>
13  </body>
14  </html>
```

代码运行效果如图 2-66 所示。

请输电话号码： [   ] 提交电话号码

图 2-66
tel 输入类型应用效果预览

10. time 输入类型

time 类型的 input 元素是专门用来输入时间的文本框，并在提交时会对输入的时间有效性进行检查。

 试一试 time 输入类型应用

```
1   <!DOCTYPE html>
2   <html>
3   <head>
4   <meta charset="utf-8">
5   <title>time 类型</title>
6   </head>
7   <body>
8       <form action="" method="post">
9           <label>请设定时间：</label>
10          <input type="time" />
11          <input type="submit" value="提交时间数据" />
12      </form>
13  </body>
14  </html>
```

代码运行效果如图 2-67 所示。

请设定时间： 21:51 ✕ ↕ 提交时间数据

图 2-67
time 输入类型应用效果预览

11. color 输入类型

color 类型的 input 元素提供了一个颜色选取器，目的是为用户提供颜色的选取功能。

 试一试　color 输入类型应用

```
1   <!DOCTYPE html>
2   <html>
3   <head>
4   <meta charset="utf-8">
5   <title>color 输入类型</title>
6   </head>
7   <body>
8       <form action="do.php" enctype="application/x-www-form-urlencoded" method= "post">
9           <label>颜色选取器: </label>
10          <input type="color" name="color_picker" />
11      </form>
12  </body>
13  </html>
```

代码运行后，单击颜色选取器，效果如图 2-68 所示。

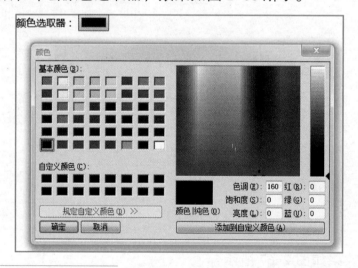

图 2-68
color 输入类型应用效果预览

2.5.3　新增表单属性

1. placeholder 属性

placeholder 属性为输入型控件显示提示性信息，其值为提示的文字内容。普通文本框、email、number、url 等均支持 placeholder 属性。

84

试一试 placeholder 属性应用

```
1   <!DOCTYPE html>
2   <html>
3   <head>
4   <meta charset="utf-8">
5   <title>placeholder 属性实例</title>
6   </head>
7   <body>
8       <form action="" method="post">
9           <label>请输入邮件地址：</label>
10          <input type="email" placeholder="格式：abc@xyz" />
11      </form>
12  </body>
13  </html>
```

代码运行效果如图 2-69 所示。

请输入邮件地址：格式：abc@xyz

图 2-69
placeholder 属性应用效果预览

2. autocomplete 属性

autocomplete 属性用于控制自动完成功能的开启和关闭，可以设置表单和 input 元素。autocomplete 有两个属性值，当设置为 on 时，启用该功能；当设置 off 时，关闭该功能。启用该功能后，当用户在开始输入时，浏览器基于填写历史，会在该控件中显示填写的选项。用户每提交一次，就会增加一个用于选择的选项。其基本语法结构如下：

```
<form action="#" method="post">
    <label>请输入姓名：</label>
    <input type="text" autocomplete />
    <input type="submit" value="提交" />
</form>
```

 提示

目前，各浏览器对该属性的支持不够完善和统一，期待 chrome、Firefox、safari 等能尽快按照 HTML5 的文档标准实现完整支持。

85

3．autofocus 属性

当页面打开时，添加了 autofocus 属性的文本框、选择框或按钮控件将自动获得光标焦点。一个页面上只能有一个控件具有该属性。强烈建议只有当一个页面是以使用某个控件为主要目的时，才能使用该属性，如后台管理员登录界面的用户名文本框。

　试一试　autofocus 属性应用

```
1   <!DOCTYPE html>
2   <html>
3   <head>
4   <meta charset="utf-8">
5   <title>autofocus 属性实例</title>
6   </head>
7   <body>
8       <form action="#" method="post">
9           <label>请输入姓名：</label>
10          <input type="text" autofocus />
11          <input type="submit" value="提交" />
12      </form>
13  </body>
14  </html>
```

代码运行时，文本框自动获得焦点，具体效果如图 2-70 所示。

图 2-70
autofocus 属性应用效果预览

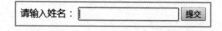

4．required 属性

required 属性表示该表单控件为必填项目。按照如下方式直接在表单元素内追加 required 属性即可。

```
<form action="#"  method="post">
<label>请输入姓名：</label><input type="text" required />
</form>
```

5. formaction 属性

formaction 属性用于设置表单数据提交时处理这些数据的文件地址。

 试一试　formaction 属性应用

```
1   <!DOCTYPE html>
2   <html>
3   <head>
4   <meta charset="utf-8">
5   <title>formaction 实例</title>
6   </head>
7   <body>
8       <form action="a.php">
9           姓名: <input type="text" name="xm"><br>
10          电话: <input type="text" name="dh"><br>
11          <input type="submit" value="提交至 a.php"><br>
12          <input type="submit" formaction="b.php" value="提交至 b.php">
13      </form>
14  </body>
15  </html>
```

代码运行效果如图 2-71 所示。

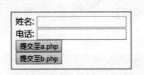

图 2-71
formaction 属性应用效果预览

当单击"提交至 a.php"按钮时，将把表单数据提交给"a.php"文件处理。
当单击"提交至 b.php"按钮时，将把表单数据提交给"b.php"文件处理。

6. formmethod 属性

formmethod 属性定义发送表单数据的方法,该属性的值有 2 种,get 和 post。

 试一试　formmethod 属性应用

```
1   <!DOCTYPE html>
2   <html>
3   <head>
```

4	`<meta charset="utf-8">`
5	`<title>formmethod 实例</title>`
6	`</head>`
7	`<body>`
8	`<form action="a.php" method="get">`
9	`姓名：<input type="text" name="xm"> `
10	`电话：<input type="text" name="dh"> `
11	`<input type="submit" value="提交至 a.php 且用 get 方法提交"> `
12	`<input type="submit" formmethod="post" formaction="b.php" value="提交至 b.php 且用 post 方法提交">`
13	`</form>`
14	`</body>`
15	`</html>`

代码运行效果如图 2-72 所示。

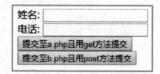

图 2-72
formmethod 属性应用效果预览

7. formenctype 属性

formenctype 属性仅适用于表单的 method="post"时，指定使用何种编码将数据提交至服务器端。formenctype 属性的值有 3 种，见表 2-18。

表 2-18 formenctype 属性的值列表

值	描述
application/x-www-form-urlencoded	默认。在发送前对所有字符进行编码。将空格转换为"+"符号，特殊字符转换为 ASCII HEX 值
multipart/form-data	不对字符编码。当使用有文件上传控件的表单时，该值是必需的
text/plain	将空格转换为"+"符号，但不对特殊字符进行编码

 试一试 formenctype 属性应用

1	`<!DOCTYPE html>`
2	`<html>`
3	`<head>`

88

```
4    <meta charset="utf-8">
5    <title>formenctype 实例</title>
6    </head>
7    <body>
8       <form action="a.php" method="post">
9       姓名：<input type="text" name="xm"><br>
10      电话：<input type="text" name="dh"><br>
11      <input type="submit" value="以默认编码提交"><br>
12      <input type="submit" formenctype="multipart/form-data" value=
     "用 multipart/ form-data 编码提交">
13   </form>
14   </body>
15   </html>
```

代码运行效果如图 2-73 所示。

图 2-73
formenctype 属性应用效果预览

2.5.4　实践与体验　编写一个客户资料录入页面

（1）在 Dreamweaver CC 中建立站点"客户资料"，新建"client.html"文档。

（2）在"client.html"中输入如下代码：

```
1    <!DOCTYPE html>
2    <html>
3    <head>
4    <meta charset="utf-8">
5    <title>客户资料录入页面</title>
6    </head>
7    <body>
8       <form action="#" method="post" enctype="application/x-www-form-
     urlencoded">
```

```
9          <h3>客户资料录入页面</h3>
10         <ul style="list-style: none">
11             <li>用户名：<input type="text" name="xm" required autofocus/>
</li>
12             <li>年龄：<input type="number" name="nl" required /></li>
13             <li>电子邮件：<input type="email" name="yj" multiple /></li>
14             <li>客户生日：<input type="date" name="sr"  /></li>
15             <li>客户喜欢的颜色：<input type="color" name="ys"  /></li>
16             <li>客户简介：<textarea rows="15" cols="20" name= "jj"
placeholder="客户简介"></textarea></li>
17             <li><input type="submit" value="录入该客户资料" /><input
type="reset" value="重新录入" /></li>
18         </ul>
19     </form>
20 </body>
21 </html>
```

（3）保存"client.html"文档，按快捷键 F12 在 Chrome 浏览器中预览，效果如图 2-74 所示。

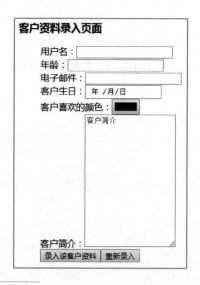

图 2-74
客户资料录入页面预览效果

2.6　HTML5 综合应用

在当今信息时代，网站作为企业宣传的主阵地，起着汇聚人气、对外宣传、

90

推广和营造声势的作用。

一般的站点，其规模都不大。每个栏目下有若干静态页面，但功能的简单并不等于此类网站容易被设计和制作，要设计好的网站，开发人员应该做好以下几点：

- 要确保网站在配色、结构和版式上避免页面的繁杂紊乱。
- 发布的内容要易于阅读和理解。
- 站点要有特色和个性化，能吸引浏览者的注意力。
- 要将企业的特色融于站点页面内。

下面我们以一家旅游网站的新闻栏目为例，学习 HTML5 布局的一般规律。

旅游新闻目录页面"ly_news.html"如图 2-75 所示。

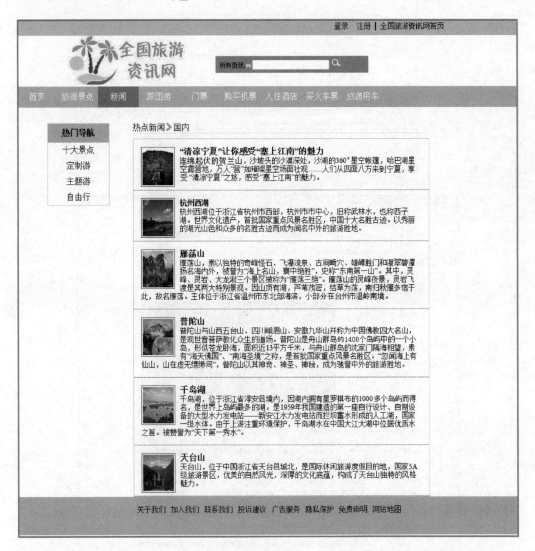

图 2-75
旅游新闻目录页面
预览效果

"ly_news.html"对应的结构示意图如图 2-76 所示。

旅游新闻文章页面"ly_wz.html"如图 2-77 所示。

登录、注册

banner+搜索

导航栏

侧边导航栏	新闻列表1
	新闻列表2
	新闻列表3
	新闻列表4
	新闻列表5
	新闻列表6

底部导航栏

图 2-76
旅游新闻目录页面结构示意图

图 2-77
旅游新闻文章页面预览效果

"ly_wz.html" 对应的结构示意图如图 2-78 所示。

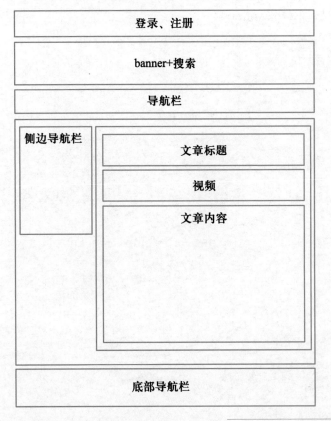

图 2-78
旅游新闻文章页面结构示意图

完成分析后，具体制作步骤如下。

（1）在 Dreamweaver CC 中新建站点"旅游新闻"，在该站点根目录下新建 3 个子文件夹，分别命名为 pics、medias 和 css。将所有图片复制到 pics 文件夹中，介绍视频"wl.mp4"复制到 medias 文件夹中，在 css 文件夹内新建"all.css"。

（2）在"旅游新闻"站点根目录下，新建"ly_news.html"页面，并在该页面中输入如下代码：

```
1  <!DOCTYPE html>
2  <html>
3  <head>
4  <meta charset="utf-8">
5  <title>旅游热点新闻</title>
6  </head>
7  <body>
8    <header>
9      <div id="dl">
10       <span><a href="#">登录</a><a href="#" class="br">注册
   </a><a href="#">全国旅游资讯网首页</a></span>
```

```
11          </div>
12          <div id="banner">
13              <form action="#" method="post">
14                  <ul>
15                      <li><img src="pics/banner.jpg" /></li>
16                      <li id="search">
17                          <span id="zx"><label>所有资讯</label><img
src="pics/ down_arrow.jpg" /></span>
18                          <span id="k"><input type="text" value="" />
</span>
19                          <span id="anniu"><input type="image" src=
"pics/ss.jpg" value= "" /></span>
20                      </li>
21                  </ul>
22              </form>
23          </div>
24      </header>
25      <div id="cl">
26          <ul id="vv">
27              <li><a href="#">首页</a></li>
28              <li><a href="#">旅游景点</a></li>
29              <li id="mee" ><a href="#">新闻</a></li>
30              <li><a href="#">跟团游</a></li>
31              <li><a href="#">门票</a></li>
32              <li><a href="#">购买机票</a></li>
33              <li><a href="#">入住酒店</a></li>
34              <li><a href="#">买火车票</a></li>
35              <li><a href="#">旅游用车</a></li>
36          </ul>
37      </div>
38      <div id="content">
39          <aside>
40              <div id="lnav">
41                  <h4>热门导航</h4>
42                  <ul>
43                      <li>十大景点</li>
```

94

```
44              <li>定制游</li>
45              <li>主题游</li>
46              <li>自由行</li>
47          </ul>
48        </div>
49      </aside>
50      <main>
51        <p id="ts">热点新闻》国内</p>
52        <ul id="listt">
53          <li>
54              <img src="pics/a.jpg"/>
55              <h3>"清凉宁夏"让你感受"塞上江南"的魅力</h3>
56              <p>连绵起伏的贺兰山，沙坡头的沙漠深处，沙湖的360°
星空帐篷，哈巴湖星空露营地，万人"营"如璀璨星空场面壮观……人们从四面
八方来到宁夏，享受"清凉宁夏"之旅，感受"塞上江南"的魅力。</p>
57          </li>
58          <li>
59              <img src="pics/b.jpg"/>
60              <h3><a href="ly_wz.html">杭州西湖</a></h3>
61              <p>杭州西湖位于浙江省杭州市西部，杭州市市中心，旧称
武林水，也称西子湖。世界文化遗产，首批国家重点风景名胜区，中国十大名胜
古迹。以秀丽的湖光山色和众多的名胜古迹而成为闻名中外的旅游胜地。</p>
62          </li>
63          <li>
64              <img src="pics/c.jpg"/>
65              <h3>雁荡山</h3>
66              <p>雁荡山，素以独特的奇峰怪石、飞瀑流泉、古洞畸穴、
雄嶂胜门和凝翠碧潭扬名海内外，被誉为"海上名山，寰中绝胜"，史称"东南第
一山"。其中，灵峰、灵岩、大龙湫三个景区被称为"雁荡三绝"。雁荡山的灵峰
夜景，灵岩飞渡是其两大特别景观。因山顶有湖，芦苇茂密，结草为荡，南归秋
雁多宿于此，故名雁荡。主体位于浙江省温州市东北部海滨，小部分在台州市温
岭南境。</p>
67          </li>
68          <li>
```

```
69              <img src="pics/d.jpg"/>
70                  <h3>普陀山</h3>
71                      <p>普陀山与山西五台山、四川峨眉山、安徽九华山并称为
中国佛教四大名山，是观世音菩萨教化众生的道场。普陀山是舟山群岛约 1400
个岛屿中的一个小岛，形似苍龙卧海，面积近 13 平方千米，与舟山群岛的沈家门
隔海相望，素有"海天佛国""南海圣境"之称，是首批国家重点风景名胜区。"忽
闻海上有仙山，山在虚无缥缈间"，普陀山以其神奇、神圣、神秘，成为驰誉中外
的旅游胜地。</p>
72                  </li>
73                  <li>
74                      <img src="pics/e.jpg"/>
75                      <h3>千岛湖</h3>
76                      <p>千岛湖，位于浙江省淳安县境内，因湖内拥有星罗棋布
的 1000 多个岛屿而得名，是世界上岛屿最多的湖。是 1959 年我国建造的第一座
自行设计、自制设备的大型水力发电站——新安江水力发电站而拦坝蓄水形成的
人工湖，国家一级水体。由于上游注重环境保护，千岛湖水在中国大江大湖中位
居优质水之首。被赞誉为"天下第一秀水"。</p>
77                  </li>
78                  <li>
79                      <img src="pics/f.jpg"/>
80                      <h3>天台山</h3>
81                      <p>天台山，位于中国浙江省天台县城北，是国际休闲旅游
度假目的地，国家 5A 级旅游景区，优美的自然风光，深厚的文化底蕴，构成了天
台山独特的风格魅力。</p>
82                  </li>
83              </ul>
84          </main>
85      </div>
86      <footer><a href="#">关于我们</a><a href="#">加入我们</a><a
href="#">联系我们</a><a href="#">投诉建议</a><a href="#">广告服务
</a><a href="#">隐私保护</a><a href="#">免责申明</a><a href="#">网
站地图</a></footer>
87  </body>
88  </html>
```

（3）至此完成了"ly_news.html"页面框架结构的搭建，由于尚未对
"ly_news.html"应用 CSS 层叠样式表进行美化和布局，所以该页面在保存后，
按快捷键 F12 进行预览时，其效果如图 2-79 所示。

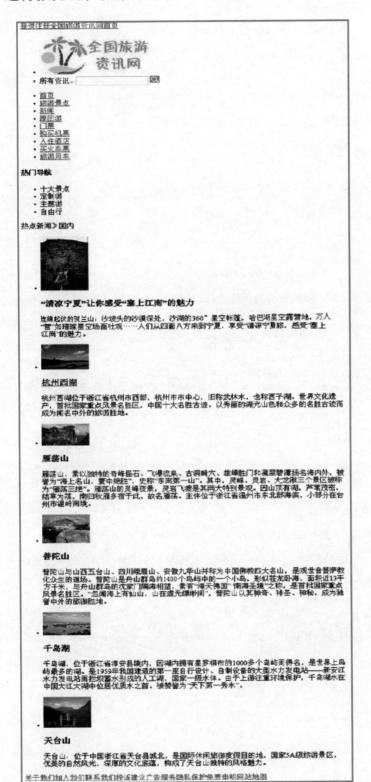

图 2-79
旅游新闻目录页面在未使用
CSS 时的预览效果

（4）在"旅游新闻"站点根目录下，新建"ly_wz.html"页面，并在该页面中输入如下代码：

```
1    <!DOCTYPE html>
2    <html>
3    <head>
4    <meta charset="utf-8">
5    <title>旅游热点新闻</title>
6    </head>
7    <body>
8        <header>
9            <div id="dl">
10               <span><a href="#">登录</a><a href="#" class="br">注册
     </a><a href="#">全国旅游资讯网首页</a></span>
11           </div>
12           <div id="banner">
13               <form action="#" method="post">
14                   <ul>
15                       <li><img src="pics/banner.jpg" /></li>
16                       <li id="search">
17                           <span id="zx"><label>所有资讯</label><img
     src="pics/ down_arrow.jpg" /></span>
18                           <span id="k"><input type="text" value="" />
     </span>
19                           <span id="anniu"><input type="image" src=
     "pics/ss.jpg" value="" /></span>
20                       </li>
21                   </ul>
22               </form>
23           </div>
24       </header>
```

```
25      <div id="cl">
26          <ul id="vv">
27              <li><a href="#">首页</a></li>
28              <li><a href="#">旅游景点</a></li>
29              <li id="mee" ><a href="#">新闻</a></li>
30              <li><a href="#">跟团游</a></li>
31              <li><a href="#">门票</a></li>
32              <li><a href="#">购买机票</a></li>
33              <li><a href="#">入住酒店</a></li>
34              <li><a href="#">买火车票</a></li>
35              <li><a href="#">旅游用车</a></li>
36          </ul>
37      </div>
38      <div id="content">
39          <aside>
40              <div id="lnav">
41                  <h4>热门导航</h4>
42                  <ul>
43                      <li>十大景点</li>
44                      <li>定制游</li>
45                      <li>主题游</li>
46                      <li>自由行</li>
47                  </ul>
48              </div>
49          </aside>
50          <main>
51              <article>
52                  <h2>西湖</h2>
53                  <video src="medias/wl.mp4" width="432" height="240"
controls></video>
54                  <p>
```

西湖，位于浙江省杭州市西面，是中国首批国家重点风景名胜区和中国十大风景名胜之一。它是中国主要的观赏性淡水湖泊之一，也是现今《世界遗产名录》中少数几个、中国唯一一个湖泊类文化遗产。

西湖三面环山，面积约 6.39 平方千米，东西宽约 2.8 千米，南北长约 3.2 千米，绕湖一周近 15 千米。湖中被孤山、白堤、苏堤、杨公堤分隔，按面积大小分别为外西湖、西里湖、北里湖、小南湖及岳湖等五片水面，苏堤、白堤越过湖面，小瀛洲、湖心亭、阮公墩三个小岛鼎立于外西湖湖心，夕照山的雷峰塔与宝石山的保俶塔隔湖相映，由此形成了"一山、二塔、三岛、三堤、五湖"的基本格局。

2011 年 6 月 24 日在法国巴黎举办的第 35 届世界遗产大会上，"杭州西湖文化景观"正式列入世界文化遗产名录。被列入目录的景观范围共计 3322.88 公顷（包括"西湖十景"以及保俶塔、雷峰塔遗址、六和塔、净慈寺、灵隐寺、飞来峰造像、岳飞墓/庙、文澜阁、抱朴道院、钱塘门遗址、清行宫遗址、舞鹤赋刻石及林逋墓、西泠印社、龙井等其他文化史迹均在这个景观范围之内），缓冲区 7270.31 公顷，列入的依据标准包括(ii)（即在某期间或某种文化圈里对建筑、技术、纪念性艺术、城镇规划、景观设计之发展有巨大影响，促进人类价值的交流）、(iii)（即呈现有关现存或者已经消失的文化传统、文明的独特或稀有之证据）、(vi)（即具有显著普遍价值的事件、活的传统、理念、信仰、艺术及文学作品，有直接或实质的连结）。杭州西湖文化景观是浙江省境内的首例世界文化遗产,同时也是继江山江郎山(中国丹霞的一部分）后，省内的第二处世界遗产。

```
55              </p>
56          </article>
57        </main>
58    </div>
59    <footer><a href="#">关于我们</a><a href="#">加入我们</a><a href="#">联系我们</a><a href="#">投诉建议</a><a href="#">广告服务</a><a href="#">隐私保护</a><a href="#">免责申明</a><a href="#">网站地图</a></footer>
60  </body>
61  </html>
```

（5）至此完成了"ly_wz.html"页面框架结构的搭建，由于尚未对"ly_wz.html"应用 CSS 层叠样式表进行美化和布局，所以该页面在保存后，按快捷键 F12 预览，效果如图 2-80 所示。

本小节我们只对"ly_news.html"和"ly_wz.html"页面进行框架结构的搭建。具体页面的 CSS 修饰和布局知识，将在后续章节的 CSS 部分详细介绍。

登录注册全国旅游资讯网首页

-
- 所有资讯

- 首页
- 旅游景点
- 新闻
- 跟团游
- 门票
- 购买机票
- 入住酒店
- 买火车票
- 旅游用车

热门导航

- 十大景点
- 定制游
- 主题游
- 自由行

西湖

以秀丽的湖光山色和众多的名胜古迹而成为闻名中外的旅游胜地

西湖，位于浙江省杭州市西面，是中国首批国家重点风景名胜区和中国十大风景名胜之一。它是中国主要的观赏性淡水湖泊之一，也是现今《世界遗产名录》中少数几个、中国唯一一个湖泊类文化遗产。西湖三面环山，面积约6.39平方千米，东西宽约2.8千米，南北长约3.2千米，绕湖一周近15千米。湖中被孤山、白堤、苏堤、杨公堤分隔，按面积大小分别为外西湖、西里湖、北里湖、小南湖及岳湖等五片水面，苏堤、白堤越过湖面，小瀛洲、湖心亭、阮公墩三个小岛鼎立于外西湖湖心，夕照山的雷峰塔与宝石山的保俶塔隔湖相映，由此形成了"一山、二塔、三岛、三堤、五湖"的基本格局。2011年6月24日在法国巴黎举办的第35届世界遗产大会上，"杭州西湖文化景观"正式列入世界文化遗产名录。被列入目录的景观范围共计3322.88公顷（包括"西湖十景"以及保俶塔、雷峰塔遗址、六和塔、净慈寺、灵隐寺、飞来峰造像、岳飞墓/庙、文澜阁、抱朴道院、钱塘门遗址、清行宫遗址、舞鹤赋刻石及林逋墓、西泠印社、龙井等其他文化史迹均在这个景观范围之内），缓冲区7270.31公顷，列入的依据标准包括(ii)（即在某期间或某种文化圈里对建筑、技术、纪念性艺术、城镇规划、景观设计之发展有巨大影响，促进人类价值的交流）、(iii)（即呈现有关现存或者已经消失的文化传统、文明的独特或稀有之证据）、(vi)（即具有显著普遍价值的事件、活的传统、理念、信仰、艺术及文学作品，有直接或实质的连结）。杭州西湖文化景观是浙江省境内的首例世界文化遗产，同时也是继江山江郎山（中国丹霞的一部分）后，省内的第二处世界遗产。

关于我们加入我们联系我们投诉建议广告服务隐私保护免责申明网站地图

图 2-80 旅游新闻文章页面在未使用 CSS 时的预览效果

101

○思考与训练

一、选择题

1. 下列标签中不需要写结束标签的是（　　　）。

　　A. ul　　　　　　　B. body　　　　　　　C. article　　　　　　　D. br

2. 关于 hgroup 的描述正确的是（　　　）。

　　A. 字符编码　　　　　　　　　　　　B. 表单的 input 类型

　　C. 将标题及其子标题进行分组　　　　D. 以上都正确

3. HTML5 文档结构中，（　　　）标签为根节点，位于结构的最顶层。

　　A. <body>　　　　　B. <html>　　　　　C. <head>　　　　　D. <title>

4. audio 元素中，将 preload 属性设置成 none 表示（　　　）。

　　A. 不进行预先加载　　　　　　　　　B. 加载音频元数据

　　C. 自动加载全部数据　　　　　　　　D. 以上都不正确

二、填空题

1. 从 HTML5 开始，文件的字符编码推荐使用_____。

2. 在 time 元素的 datetime 属性中日期和时间之间要用_____进行分隔。

三、简答题

在网站根目录下有一个"paly.html"页面，同目录下的 media 文件夹中有视频文件"west.mp4"，请使用 video 元素实现在页面打开时，以 320 像素×280 像素的尺寸自动播放该视频文件。请写出具体的 HTML5 代码。

第 3 单元　CSS3 优化网页样式

　　CSS 样式是一组格式设置规则，用于控制 Web 页面的外观，是网页制作过程中不可缺少的重要内容。通过使用 CSS 样式设置页面的格式，可将页面的内容与表现形式分离，而且还可以使 HTML 文档代码更加简练，缩短浏览器的加载时间。

　　随着互联网的不断发展，网页的表现形式更加多样化，开发者往往需要更多的字体选择、更方便的样式效果、更绚丽的图形动画。为了适应网页的发展，CSS 也在不断升级，目前广泛使用 CSS3。

　　本单元主要介绍 CSS3 样式的基础知识、CSS3+DIV 布局，以及 CSS3 的动画设计效果等知识。通过本单元的学习，将了解 CSS3 技术的基本规则，掌握 CSS 样式表的创建，学会将 CSS3 的属性应用于 HTML 页面中的具体元素，以达到美化网页元素的效果。

3.1 CSS3 基础

CSS 的引入是为了使 HTML 语言更好地适应页面的美工设计。它以 HTML 语言为基础，提供了丰富的样式，CSS 的样式定义由若干条样式规则组成，这些样式可以应用到不同的、被称为选择器的对象上，通过属性和属性值的设置实现对网页元素的显示定位和格式美化。CSS3 是在原来 CSS2 的基础上升级后形成的第三个版本，仍遵循原来的语法规则，并增加了新的特性。

3.1.1 CSS3 样式规则

CSS3 与 HTML 一样，在使用时需要遵循一定的规范，想要熟练地使用 CSS3 对网页进行修饰，首先需要了解 CSS3 的样式规则。

1. CSS3 样式的基本语法

CSS3 由选择器和声明构成，其中声明由属性和属性值组成，CSS3 样式的基本语法如下。

CSS 选择器{属性 1：属性值；属性 2：属性值；属性 3：属性值；……}

例如，通过 CSS 对标题标签<h1>进行控制，呈现的效果是页面中的一级标题字体，颜色为红色，大小为 14 像素。语句代码构成具体如图 3-1 所示。

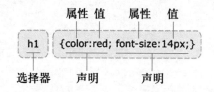

图 3-1
语句代码构成举例

在书写 CSS 样式时，除了要遵循 CSS 样式规则，还必须注意 CSS 基本语法中的几个特点：

（1）CSS 样式中的选择器严格区分大小写，属性和值不区分大小写，按照书写习惯一般均采用小写的方式。

（2）多个属性之间必须用英文状态下的分号隔开。

```
body{
font-family:宋体;              /*设置字体为宋体*/
font-size:12px;               /*设置字体大小为 12 像素*/
color:#999;                   /*设置颜色为#999*/
}
```

（3）如果属性的值由多个单词组成且中间包含空格，则必须为这个属性值加上英文状态下的引号。例如：

```
p{font-family :"Times New Roman";}
```

（4）属性值与单位之间不允许存在空格，否则浏览器解析时会出错。

（5）在编写 CSS 代码时，为了提高代码的可阅读性，通常会加上 CSS 注释。例如：

```
/*这是 CSS 注释文本，此文本不产生效果，也不会显示在浏览器窗口中*/
```

值相同的属性在一条语句里声明，选择器名称之间用英文逗号隔开，这样代码就会简洁许多。例如，要将<b><i><h1>三个标签的颜色都设成红色，代码如下。

```
b,i,h1{color:red;}
```

2. CSS3 样式应用

编写好 CSS 样式具体的规则后，想要将这些规则作用在网页中，用来修饰网页中的元素，就需要将 CSS 样式与 HTML 文档关联起来，即要在 HTML 文档中应用 CSS 样式表。在网页中应用 CSS 样式表主要有 4 种方式：行内样式、内部样式、外部样式和导入样式，本书主要介绍前 3 种方式。

（1）行内样式。行内样式也称内联样式，就是直接把 CSS 样式代码添加到 HTML 标签中，通过 style 属性来设置元素的样式，相当于将其作为 HTML 标签的属性来用。通过这种方式，可以很简单地对某个元素单独定义样式。其基本语法格式如下：

```
<标签名称 style="属性1:属性值;属性2:属性值;属性3:属性值;">内容</标签名称>
```

　　style 是 HTML 标签的属性，任何一个 HTML 标签都有该属性，用来设置行内样式。其中属性和值的书写规范与 CSS 样式规则相同，行内样式对其所在的标签及嵌套在其中的标签起作用。

下面通过实例 3-1-1 来学习如何在 HTML 中应用行内样式，具体代码如下。

```
1   <!DOCTYPE html>
2   <html>
3   <head>
```

```
4   <meta charset="utf-8">

5   <title>行内样式应用</title>

6   </head>

7   <body>

8   <p style="font-size: 18px;color: red">应用行内样式来修饰段落标记的
    字体大小和颜色</p>

9   </body>

10  </html>
```

框内为修饰\<p>标签的行内样式代码

在浏览器内显示的效果如图 3-2 所示。

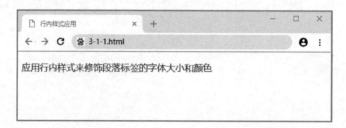

图 3-2
"3-1-1.html" 页面效果图

从实例代码中可以看出，采用行内样式无法做到结构与表现形式分离，它只能对 HTML 中单个元素进行修饰，一般在实际的网页制作中很少用到。

（2）内部样式。内部样式就是将 CSS 样式添加到\<head>\</head>标签之间，并且用\<style>\</style>标签进行声明，其基本语法格式如下。

```
<head>
<style type="text/css">
    选择器 {属性1:属性值;属性2:属性值;属性3:属性值;}
</style>
</head>
```

提示

内部样式代码必须全部放在\<style>\</style>标签中，由于浏览器从上到下解析代码，把 CSS 代码放在头部便于提前被下载和解析，所以存放内部样式的\<style>标签一般放在\<head>标签中的\<title>标签之后。同时必须设置\<style type="text/css">，告诉浏览器\<style>中包含的是 CSS 代码。

下面通过实例 3-1-2 来讲解内部样式的应用方法，具体代码如下。

```
1   <!DOCTYPE html>

2   <html>
```

106

```
3    <head>
4    <meta charset="utf-8">
5    <title>内部样式应用</title>
6        <style type="text/css">
7          body{
8              font-family: "宋体";
9              font-size: 12px;
10             color:#333333;
11         }
12       </style>
13   </head>
14   <body>
15         应用内部样式应用来修饰网页主体的字体、字体大小和
     颜色
16     </body>
17   </html>
```

框内的代码为加入的内部样式代码

从实例代码中可以看到，应用内部样式的网页文件中，所有 CSS 代码都编写在<style></style>标签之间，放在页面的头部区域，这种写法虽然没有完全实现页面内容与 CSS 样式的分离，但是可以将内容与 HTML 代码分离在两个部分进行管理。

在浏览器内显示的效果如图 3-3 所示。

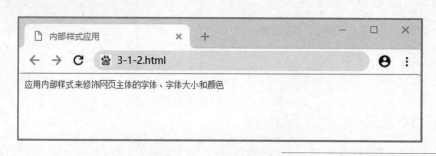

图 3-3
"3-1-2.html" 页面效果图

内部样式只针对当前页面有效，不能跨页面执行，仅制作一个页面时可以选择这种方法。如果一个网站拥有很多页面，对于不同页面中的<body>标签都希望采用同样的格式时，使用内部样式就显得有点麻烦，需要在每个页面中都加入相同的 CSS 代码，不能发挥 CSS 代码重用的优势，所以在实际的大型网站开发中，不建议使用内部样式。

（3）外部样式。外部样式是将所有的 CSS 样式放在一个或者多个以.css 为

扩展名的外部样式表文件中，通过<link>标签将外部样式表链接到 HTML 文档中，其语法格式如下。

```
<head>
    <link href="外部样式表文件的路径" type="text/css" rel="stylesheet">
</head>
```

<link>标签必须放在<head>头部标签中，并且必须指定<link>标签的 3 个属性。

● href: 定义所链接外部样式文件的 URL、相对路径或绝对路径。

● type: 定义所链接文档的类型，这里的"text/css"表示为 CSS 样式表。

● rel: 定义当前文档与被链接文档之间的关系，这里的"stylesheet"表示被链接的文档是一个样式文件。

下面通过实例 3-1-3 分步骤讲解外部样式表文件的应用方法。

步骤一：创建 HTML 文档。

创建一个 HTML 文档，并在该文档中添加一个标题和一个段落文本，具体代码如下。

```
1   <!DOCTYPE html>
2   <html>
3   <head>
4   <meta charset="utf-8">
5   <title>外部样式应用</title>
6   </head>
7   <body>
8       <h1>外部样式应用</h1>
9       <p>通过 link 标签将外部样式应用于 HTML 文档中</p>
10  </body>
11  </html>
```

步骤二：创建外部样式表。

打开 Dreamweaver CC，选择"文件"→"新建"命令，界面会弹出"新建文档"对话框，如图 3-4 所示。

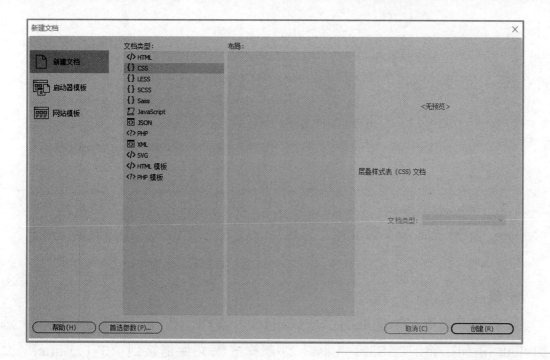

图 3-4
新建 CSS 文档

在"新建文档"对话框的"文档类型"中选中"CSS"选项，单击"创建"
按钮，弹出 CSS 文档编辑窗口，如图 3-5 所示。

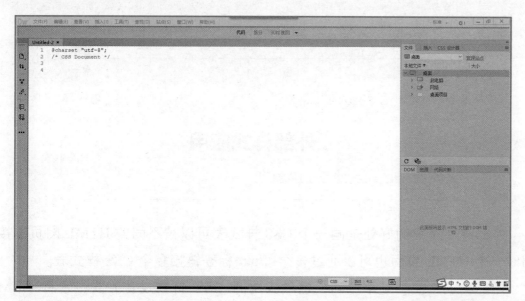

图 3-5
CSS 文档编辑窗口

在 CSS 文档编辑窗口中输入 CSS 代码，并保存 CSS 样式表文件为
"CSS3-1-3.css"，文件存放在与网页相同的目录中。具体代码如下。

```
1  @charset "utf-8";
2  /* CSS Document */
3
4  h2{text-align:center;}              /*文字居中对齐*/
```

```
5   p{
6       font-size: 16px;              /*字体大小为16像素*/
7       color: red;                   /*颜色为红色*/
8       text-decoration: underline;   /*文字加下划线*/
9   }
```

> **技巧**
>
> 在 Dreamweaver CC 中输入代码时可提供代码提示功能，方便用户快速输入代码，该功能可以在菜单栏"编辑"→"首选项"→"代码提示"中设置启用与关闭。

步骤三：链接 CSS 样式表。

重新打开步骤一中完成的"3-1-3.html"文档，在<head>头部标签中，添加<link>语句，将"CSS3-1-3.css"外部样式表文件链接到"3-1-3.html"文档中，具体代码如下。

```
<link href="CSS3-1-3.css" rel="stylesheet">
```

保存"3-1-3.html"文档，在浏览器中显示的效果如图 3-6 所示。

图 3-6
"3-1-3.html"页面效果图

外部样式最大的好处是同一个 CSS 样式表可以被不同的 HTML 网页链接，同时一个 HTML 页面也可以通过多个<link>标签链接多个 CSS 样式表。

外部样式是使用频率最高、也最实用的 CSS 样式设置方式，它将 HTML 代码与 CSS 代码分离为两个或者多个文件，实现了内容和样式的分离，使得网页的前期和后期维护都十分方便，在网站制作中推荐使用外部样式方式。

> **提示**
>
> 如果同一个页面采用了多种 CSS 样式，不同方式的样式定义共同作用于同一元素的属性时，会产生优先级问题。
>
> CSS 样式应用时优先级顺序：行内样式>内部样式>外部样式。

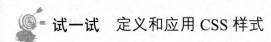 试一试 定义和应用 CSS 样式

下面请大家一起动手编三条 CSS 规则，并用三种不同的方式应用于 HTML 网页中控制网页元素。具体步骤如下：

（1）新建一个 HTML 网页，网页标题为 "CSS 样式应用"，包含网页元素 <h1><nav><article>，保存网页文件为 "3-1-4.html"，参考代码如下。

```
1   <!DOCTYPE html>
2   <html>
3   <head>
4   <meta charset="utf-8">
5   <title>CSS 样式应用</title>
6   </head>
7   <body>
8       <h1>行内样式应用</h1>
9       <nav>内部样式应用</nav>
10      <article>外部样式应用</article>
11  </body>
12  </html>
```

（2）对<h1>应用行内样式，将其格式控制为字体大小 28 像素、颜色为 #000000。在 "3-1-4.html" 中的<h1>标签中加入以下代码。

```
<h1 style="font-size: 28px;color: #000000">行内样式应用</h1>
```

（3）对<article>应用内部样式，将其格式控制为字体大小 12 像素、颜色为 #01b4ff。在 "3-1-4.html" 中的<head>标签中加入下框内代码。

```
1   <head>
2   <meta charset="utf-8">
3       <title>CSS 样式应用</title>
4       <style type="text/css">
5           article{ font-size: 12px;
6               color: #01b4ff;}
7       </style>
8   </head>
```

（4）新建外部样式表文件，命名为 "3-1-4.css"，定义<nav>的样式规则为

111

字体大小 18 像素、颜色为#666666，并将外部样式表应用于"3-1-4.html"网页中。

"3-1-4.css"代码如下所示。

```
1  @charset "utf-8";
2  /* CSS Document */
3  nav{
4      font-size:18px;
5      color:#666666;
6  }
```

在"3-1-4.html"的<head>标签内加入以下代码，将"3-1-4.css"链接至网页文档中。

```
<link href="3-1-4.css" rel="stylesheet">
```

最终效果如图 3-7 所示。

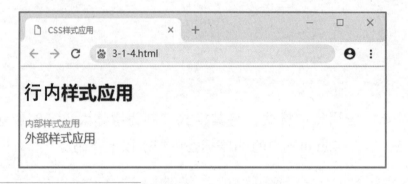

图 3-7
"3-1-4.html"页面效果图

3.1.2　CSS3 选择器

从 CSS 基本语法中得知，要创建一条 CSS 规则，首先要确定选择器，然后进行声明。在 CSS 样式中提供了多种类型的 CSS 选择器，包括标签选择器、类选择器、id 选择器、通配符选择器、伪类和伪元素选择器、后代选择器等，还有一些特殊的选择器，网页制作时可根据要美化和修饰的对象类型选用不同类型的选择器，创建 CSS 样式。

1. 标签选择器

标签选择器是最简单的选择器类型，选择器名称就是 HTML 中已有的标签名称，如 body、header、nav、p 等，CSS 标签选择器可以用来控制标签的应用样式。语法格式如下。

标签名{属性1:属性值;属性2:属性值;属性3:属性值;……}

例如，用标签选择器定义网页中<nav>标签 CSS 样式，代码如下。

nav{font-size:18px;color:#666666;}/*定义<nav>标签内文字的格式*/

标签 CSS 样式定义完后直接生效，网页中所有的<nav>标签都按照定义的样式显示。

2. 类选择器

在网页中通过使用标签选择器，可以控制网页所有该标签显示的样式。但是，根据网页设计过程中的实际需要，标签选择器对设置个别标签的样式还是无能为力，因此还需要使用类（class）选择器，达到特殊效果的设置。语法格式如下。

. 类名称{属性1:属性值;属性2:属性值;属性3:属性值;……}

定义类选择器时，以一个英文点号（.）开头，后面跟类名称，类名称由定义者自己命名。

> **提示**
>
> "." 后紧跟类名称，不要加空格，类名称不能以数字开头，且区分大小写，类名称命名时最好能根据元素的用途定义，方便阅读和调用，使用 class 属性调用时要去掉 "."。如果定义规则时 CSS 属性较多，可采用代码竖行排列方式，方便添加注释语句，增加可阅读性，代码如下。
>
> ```
> body{
> font-family:宋体;        /*设置字体为宋体*/
> font-size:12px;          /*设置字体大小为12像素*/
> color:#999;              /*设置颜色为#999*/
> }
> ```

下面通过实例 "3-1-5.html" 来说明类选择器的用法，先用类选择器定义好两个 CSS 样式，代码如下。

.font20{ font-zize:20px }   /*设置字体大小为20像素*/
.red{ color:red }   /*设置颜色为红色*/

类选择器定义的 CSS 样式需要使用 HTML 标签的 class 属性调用才能生效，如：

<p class="font20">段落内容</p>   /*设置该段落字体大小为20像素*/
<p class="red">段落内容</p>   /*设置该段落字体颜色为红色*/

```
<p class="font20 red">段落内容</p>        /*设置该段落字体大小为 20 像素, 颜色为
红色*/

<h1 class="red">一级标题为红色</h1>         /*设置一级标题为红色*/
```

如果要使用一个 class 属性调用多个样式,多个类名之间用空格隔开。如:
```
<p class="font16 red">段落内容</p>
```

从实例中可以看出一个对象可以用 class 调用多个类名,不同对象可以调用相同的类名。

最后的效果如图 3-8 所示,第一个<p>标签内的文字以 20 像素大小显示,第二个<p>标签的文字以红色显示,第三个<p>标签内的文字以 20 像素大小、红色显示。这样就可以做到同一页面中相同的标签在不同的位置显示的效果是不一样的,这是标签选择器无法做到的。

图 3-8
"3-1-5.html" 页面效果图

3. id 选择器

id 选择器与类选择器极其相似,类选择器是“.”开头,而 id 选择器以“#”开头,类选择器定义的 CSS 样式用 class 属性来调用, id 选择器定义的样式用 id 属性来调用。语法格式如下。

```
#id 名{属性 1:属性值;属性 2:属性值;属性 3:属性值;……}
```

id 名为 HTML 元素的 id 属性值。大多数 HTML 元素都可以定义 id 属性值, 元素的 id 值是唯一的,只能对应于文档中某一个具体的元素。使用 id 属性调用 id 选择器定义的 CSS 样式时要去掉“#”。

下面通过和类选择器类似的实例“3-1-6.html”来说明 id 选择器的用法,先用 id 选择器定义好两个 CSS 样式,代码如下。

```
#font20{ font-zize:20px }          /*设置字体大小为 20 像素*/

#red{ color:red }                  /*设置颜色为红色*/
```

然后使用 HTML 标签的 id 属性调用，如：

```
<p id="font20">段落内容</p>        /*设置该段落字体大小为 20 像素*/

<p id="red">段落内容</p>           /*设置该段落字体颜色为红色*/

<p id="font20 red">段落内容</p>   /*此处为错误范例，不能有多个 id 值*/

<h1 id="red">一级标题为红色</h1>  /*此处为错误范例，id 值必须唯一*/
```

最后的效果如图 3-9 所示。从定义和调用来看 id 选择器与类选择器非常相似，但是实际上它们两者还是有区别的。从图 3-9 可以看出第三个<p>标签的样式没有生效，这意味着 id 选择器不支持像类选择器那样定义多个值，类似 id="font20 red"的写法是完全错误的。另外，第二个<p>标签与<h1>标签使用了相同的 id 值"red"，虽然样式生效但是这样的写法是不被允许的，因为 JavaScript 等脚本语言调用 id 时会出错。

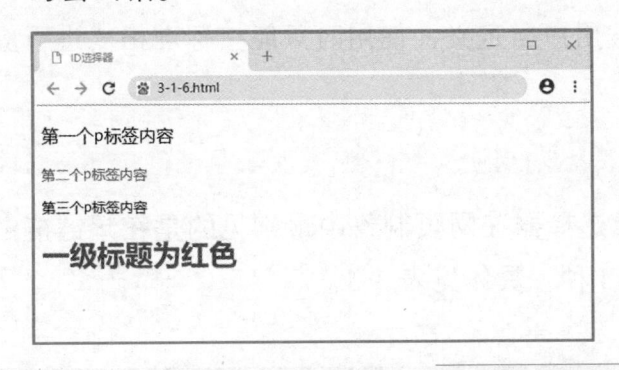

图 3-9
"3-1-6.html" 页面效果图

W3C 标准规定：在同一个页面内，不允许有相同名字的id对象出现，但是允许相同名字的 class，也就是说用类选择器定义的 CSS 样式可以被调用多次，而用 id 选择器定义的 CSS 样式由于 id 值的唯一性只能被调用一次，而且一个元素可以调用多个类选择器样式，却只能调用一个 id 选择器样式。

4．通配符选择器

通配符选择器以一个星号（*）开头，它是所有选择器中作用范围最广的，能匹配页面中所有的元素。其语法格式如下。

```
*{属性 1:属性值;属性 2:属性值;属性 3:属性值;……}
```

例如，下面的代码使用通配符选择器定义 CSS 样式，清除所有 HTML 标签的默认边距、间距和边框。

```
1  *{
```

```
2        Margin:0;
3        Padding:0;
4        Border:0
5    }
```

虽然使用通配符选择器定义 CSS 样式很方便，但在实际网页开发中不建议使用，因为它设置的样式对所有 HTML 元素都生效，不管是否需要该样式，这样反而占用了大量的浏览器资源，降低了代码执行速度。

"*"表示所有元素，包含所有不同 id、不同 class 的 HTML 标签。

5. 伪类和伪元素选择器

伪类和伪元素是一种特殊的类和元素，名字中的"伪"字是因为它所指定的类或元素在文档中并不存在，由 CSS 样式自动支持，属于 CSS 的一种扩展类型，名称不能被用户自定义，使用时只能按标准格式进行应用。其语法格式如下。

选择符: 伪类|伪元素{属性 1:属性值;属性 2:属性值;属性 3:属性值}

伪类和伪元素选择器在网页制作中最常见的是在超链接中的应用，超链接标记<a>的伪类有 4 种，具体见表 3-1。

表 3-1　超链接伪类

超链接标记<a>的伪类	含义
a:link{ CSS 规则样式 }	未访问时超链接的状态
a:visited{ CSS 规则样式 }	访问后超链接的状态
a:hover{ CSS 规则样式 }	光标经过、悬停时超链接的状态
a:active{ CSS 规则样式 }	鼠标按下未释放时超链接的状态

例如，控制超链接内容访问前、访问后、鼠标悬停时，以及鼠标按下未释放时的样式，具体代码如下。

```
a:link {color:gray;}          /*超链接未被访问时字体颜色为灰色*/
a:visited {color:yellow;}     /*超链接访问后的字体颜色为黄色*/
a:hover {color:green;}        /*光标经过超链接时字体颜色为绿色*/
a:active {color:blue;}        /*鼠标按下未释放时字体颜色为蓝色*/
```

同时使用超链接的 4 种伪类时，通常按照 a:link、a:visited、a:hover、a:active 的顺序定义，否则定义的样式可能不起作用。

同样，CSS 样式中还定义了几个伪元素用于用户的样式定义，具体见表 3-2。

<div style="text-align:center">表 3-2 伪 元 素</div>

伪元素	含义
:after	在某个元素之后插入一些内容
:first-letter	为某个元素中文字的首字母定义样式
:first-line	为某个元素的第一行文字定义样式
:before	在某个元素之前插入一些内容

例如，在段落之后插入一张图片，使用如下 CSS 代码。

```
p:after {content:url(images/img1.jpg)}
```

使用伪元素选择器时，在被选元素的内容前面或者后面插入其他内容时，必须使用 content 属性来指定具体要插入的内容，可以是文字或图像等。

6. 后代选择器

后代选择器用于选择元素的后代，其写法是把外层标签写在前面，内层标签写在后面，中间用空格分开。当标签发生嵌套时，内层标签就成为外层标签的后代。例如，要对<h1>标签中的<span>标签内容的样式重新定义时，可使用如下 CSS 代码。

```
h1 span {
    font-weight:bold;
    color:blue;
}
```

 试一试　判断定义 CSS 样式的选择器类型

选用合适的 CSS 选择器定义样式规则在网页设计中非常重要，请你根据表 3-3 中的具体要求描述，判断选用哪一种选择器类型更为合适，并将正确的类型填入表格内，然后将定义的 CSS 样式代码保存在"3-1-7.css"文件中。

表 3-3　判断定义 CSS 样式的选择器类型

要求	CSS 选择器类型
清除网页的默认边距和间距	
将网页背景设置为图片 images/bg.jpg	
定义<h2>标签中的<span>标签文字样式为微软雅黑、斜体、蓝色	
定义 id 为 new1 的<div>大小为 300 像素×300 像素	
将段落中的第一个文字设置为红色	
定义类名为 fgx 的水平线长度为网页的 70%，粗细为 3 像素，颜色为#2bd5	
定义超链接未访问时文本颜色为#666666	

 技巧

如果在定义 CSS 规则时对属性不熟悉可以查阅 3.2 中的具体属性或者通过网络查阅相关资料。

3.1.3　CSS3 样式特性

CSS 通过 HTML 文档中相对应的选择器来定义规则达到控制页面表现的目的，在 CSS 样式应用过程中，还要理解 CSS 的一些特性，包括层叠性、继承性和优先级等。

1. 层叠性

层叠性是指多种 CSS 样式的叠加。例如，当使用行内 CSS 样式定义<p>标签字体大小为 12 像素，外部 CSS 样式定义<p>标签颜色为红色，那么该段落文字最终显示的效果为 12 像素、红色，即两种样式产生了叠加。下面通过实例 3-1-8 来更好地解释 CSS 的层叠性，代码如下。

```
1  <!DOCTYPE html>
2  <html>
3    <head>
4    <meta charset="utf-8">
5      <title>CSS 层叠性</title>
6      <style type="text/css">
7        p{
8            font-size: 14px;
```

```
9                    font-family: "微软雅黑";
10            }
11            .font20{font-size:20px; }
12            #red{color:red; }
13        </style>
14    </head>
15    <body>
16        <p class="font20" id="red">第一个 p 标签内容</p>
17        <p>第二个 p 标签内容</p>
18        <p>第三个 p 标签内容</p>
19    </body>
20 </html>
```

在实例 3-1-8 中，有三个<p>标签，通过标签选择器设置了字体大小为 14 像素、字体为"微软雅黑"，通过类选择器".font20"设置字体大小为 20 像素，通过 id 选择器置颜色为红色。第一个<p>标签内的文字调用了标签选择器、类选择器和 id 选择器定义的三种样式，产生了这三个选择器定义的样式的叠加。

在浏览器中显示的效果如图 3-10 所示。

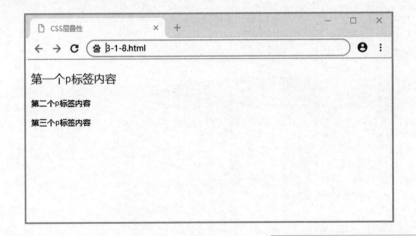

图 3-10
"3-1-8.html" 页面效果图

提示

标签选择器<p>和类选择器".font20"都定义了第一个<p>标签内文字的字体大小，而实际显示的效果是类选择器".font20"定义的 20 像素。这是因为类选择器优先级高于标签选择器，关于优先级问题在后面会再深入讲解。

2. 继承性

所谓继承性就是指定义 CSS 样式时，子标签会继承父标签的某些样式，如文本颜色和字体大小等。简单地说，就是各个 HTML 标签看做是一个个大容器，其中被包含的小容器会继承大容器的样式。通过实例 3-1-9 来更好地理解 CSS 的继承性，代码如下。

```
1   <!DOCTYPE html>
2   <html>
3       <head>
4       <meta charset="utf-8">
5           <title>CSS 继承性</title>
6           <style type="text/css">
7               body{
8                   font-size: 16px;
9                   font-family: "黑体";
10                  color: red;
11              }
12          </style>
13      </head>
14      <body>
15          <p>段落文字</p>
16          <div>div 文字</div>
17      </body>
18  </html>
```

在浏览器中显示的效果如图 3-11 所示。实例中通过标签选择器定义了<body>标签的样式为 16 像素、黑体、红色，包含在<body></body>标签内的<p>标签和<div>标签内的文本均以<body>标签的样式来显示，因为子标签<p>标签和<div>标签继承了父标签<body>的样式。

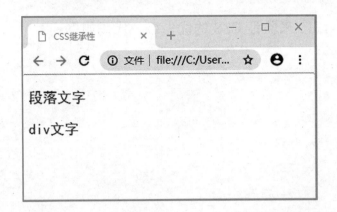

图 3-11
"3-1-9.html" 页面效果图

　　<body>标签设置字体大小时，标题标签的文本不会采用这个样式，这并不是标题标签没有继承字体大小，而是因为标题标签 h1~h6 有默认的字号，默认字号覆盖了继承的字体大小。

　　但是并不是所有的 CSS 属性都可以继承，以下这些属性就不具有继承性：边框属性、外边距属性、内边距属性、背景属性、定位属性、布局属性、元素宽度属性。

3. 优先级

　　应用 CSS 样式时，经常出现多个选择器定义的 CSS 样式都应用在同一元素上，CSS 规则之间互相冲突，这时浏览器会根据选择器的优先级规则解析 CSS 样式。

　　官方表述的 CSS 样式优先级如下：通配符选择器<标签选择器<类选择器<属性选择器（不常用，本书不作介绍）<伪类和伪元素选择器<id 选择器<行内样式。

　　CSS 为每一种选择器都分配了一个权重，其中标签选择器的权重为 1，类选择器的权重为 10，id 选择器的权重为 100，行内样式为 1000，权重越大优先级越高。因此如果使用不同的选择器对同一元素设置文本颜色，那么 id 选择器定义的颜色优先于类选择器定义的颜色，类选择器定义的颜色优先于标签选择器定义的颜色。

　　继承样式的权重为 0，即在嵌套结构中，不管父元素的样式权重多大，被子元素继承时，它的权重都为 0，子元素的样式会覆盖继承来的样式。

 试一试　验证 CSS 优先级

通过实例 3-1-10 来验证 CSS 的优先级，代码如下。

```
1   <!DOCTYPE html>
2   <html>
3     <head>
4         <meta charset="utf-8">
5         <title>CSS 优先级</title>
6         <style type="text/css">
7             p{color:black;}          /*标签选择器定义文本颜色为黑色*/
8             .red{color: red;}        /*类选择器定义文本颜色为红色*/
9             #blue{color: blue;}      /*id 选择器定义文本颜色为蓝色*/
10            strong{color: green;}    /*标签选择器定义文本颜色为绿色*/
11        </style>
12    </head>
13    <body>
14        <p class="red" id="blue">段落 1 文字到底显示什么颜色？</p>
15        <p class="red">段落 2 文字到底显示什么颜色？</p>
16        <p class="red" id="blue"><strong>段落 3 文字到底显示什么颜色？
17        </strong></p>
18    </body>
19  </html>
```

　　浏览器中显示的效果如图 3-12 所示，可以看出第一个<p>标签内最终文字显示的颜色是蓝色，是 "#blue" id 选择器所定义的颜色，第二个<p>标签内最终文字显示的颜色是红色，是 ".red" 类选择器所定义的颜色，第三个<p>标签内最终文字显示的颜色是绿色，是<strong>标签选择器所定义的颜色。

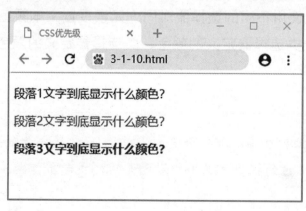

图 3-12
"3-1-10.html" 页面效果图

122

•实践与体验　为热门景点页面定义 CSS 样式

通过前面的学习，我们已经初步掌握了 CSS 样式规则的基本语法，选择器的类型及其特性，接下来通过定义热门景点页面的 CSS 样式实现对该页面的美化效果，最终效果图如图 3-13 所示。

图 3-13
热门景点页面效果图

1. 页面样式要求

（1）清除页面边距、间距、边框。

（2）页面文字采用"微软雅黑"，内容居中对齐，背景颜色为#999。

（3）页面所有内容放在一个 id 名为"big"的 DIV 中，将该 DIV 宽度设置为整个页面宽度的 80%，背景颜色设置为#fff，在页面居中显示。

（4）标题"热门旅游景点"采用二级标题，其中"旅游"二字采用颜色为 #4d733f、大小为 30 像素、黑体来显示。

（5）导航栏字体为黑体，颜色为#5e2d00，当光标经过导航栏选项时，该选项的文本颜色发生变化（#5e2d00 变为#f03），且添加下划线效果，在每个导航选项前添加小图片"images/xtb.png"。

（6）设置段落文字行高为 38 像素，字体大小为 20 像素，颜色为#333，文字居左对齐，首行缩进 2 个字符。

（7）为每个段落设置不同的字体大小和颜色，段落 1 为黑色 26 号字，段落 2 为绿色 24 号字，段落 3 为红色 22 号字，段落 4 为默认段落格式。

2．页面代码

页面代码如下。

1	`<DOCTYPE html>`
2	`<head>`
3	`<meta charset="utf-8">`
4	`<title>热门旅游景点</title>`
5	`<link rel="stylesheet" type="text/css" href="3-1-11.css">`
6	`</head>`
7	`<body>`
8	`　<div id="big">`
9	`　　<h2>热门<span>旅游</span>景点</h2>`
10	`　　<hr size="4" color="#5e2d00" width=100% align="center">`
11	`　　<nav>`
12	`　　　<a href="#bj">北京故宫</a>`
13	`　　　<a href="#sh">上海外滩</a>`
14	`　　　<a href="#hz">杭州西湖</a>`
15	`　　　<a href="#gz">广州沙面</a>`
16	`　　</nav>`
17	`　　<hr size="4" color="#5e2d00" width=100% align="center">`
18	`　　<div id="small">`
19	`　　　<img src="images/gg.jpg">`
20	`　　　<p class="one">北京故宫是中国明清两代的皇家宫殿，旧称为紫禁城，位于北京中轴线的中心，是中国古代宫廷建筑之精华。北京故宫以三大殿为中心，占地面积 72 万平方米，建筑面积约 15 万平方米，有大小宫殿七十多座，房屋九千余间。是世界上现存规模最大、保存最为完整的木质结构古建筑之一。</p>`
21	`　　　<p class="two">北京故宫于明成祖永乐四年（1406 年）开始建设，以南京故宫为蓝本营建，到永乐十八年（1420 年）建成。它是一座长方形城池，南北长 961 米，东西宽 753 米，四面围有高 10 米的城墙，城外有宽 52 米的护城河。紫禁城内的建筑分为外朝和内廷两部分。外朝的中心为太和殿、中和殿、保和殿，统称三大殿，是国家举行大典礼的地方。内廷的中心是乾清宫、交泰殿、坤宁宫，统称后三宫，是皇帝和皇后居住的正宫。</p>`
22	`　　　<p class="three">北京故宫被誉为世界五大宫之首（北京故宫、法国凡尔赛宫、英国白金汉宫、美国白宫、俄罗斯克里姆林宫），是国家 AAAAA`

124

	级旅游景区，1961 年被列为第一批全国重点文物保护单位，1987 年被列为世界文化遗产。</p>
23	</div>
24	</div>
25	</body>
26	</html>

3. 定义 CSS 样式

CSS 样式代码如下。

1	/*清除页面边距、间距、边框*/
2	*{
3	padding: 0px;margin: 0px;border: 0px;
4	}
5	/*页面文字采用"微软雅黑"，内容居中对齐，背景颜色为#999*/
6	body{font-family:" 微 软 雅 黑 ";text-align: center;background-color: #999999;
7	}
8	/*页面所有内容放在一个 id 名为"big"的 DIV 中，将该 DIV 宽度设置为整个页面宽度的 80%，背景颜色设置为#fff，在页面居中显示*/
9	#big{
10	background-color:#ffffff;
11	width: 80%;
12	margin-left: 10%;
13	}
14	/*标题"热门旅游景点"采用二级标题，其中"旅游"二字字体为黑体，颜色为#4d733f，大小为 30 像素*/
15	h2 span {
16	font-family:"黑体";
17	font-size: 30px;
18	color: #4d733f;
19	}
20	/*导航栏字体为黑体，颜色为#5e2d00，当光标经过导航栏选项时，该选项的文本颜色发生变化（#5e2d00 变为#f03），且添加下划线效果，在每个导航选项前添加小图标"images/xtb.png"*/
21	a{
22	font-size:22px;

```
23        color:#5e2d00;
24    }
25    a:link,a:visited{text-decoration:none;}
26    a:hover{
27        text-decoration:underline;
28        color:#f03;
29    }
30    a:before{content:url(images/xtb.png);}/* 添加小图标 */
31    /*设置段落文字行高为 38 像素，字体大小为 20 像素，颜色为#333，文字居左
      对齐，首行缩进 2 个字符*/
32    p{
33        line-height:38px;
34        font-size:20px;
35        color:#333;
36        text-align: left;
37        text-indent: 2em;
38    }
39    /*为每个段落设置不同的字体大小和颜色，段落 1 为黑色 26 号字，段落 2 为绿
      色 24 号字，段落 3 为红色 22 号字，段落 4 为默认段落格式*/
40    .one{color:#000;font-size:26px;}
41    .two{color:green;font-size:24px;}
42    .three{color:red;font-size:22px;}
```

3.2　CSS3 样式属性

　　CSS 样式能够对文本、段落、背景、边框、位置、超链接、列表和光标效果等多种样式进行属性设置，通过这些属性设置可以控制网页中几乎所有的元素，从而使网页的排版布局更加轻松，外观表现更加美观。

3.2.1　CSS3 文本样式属性

　　CSS 通过设置文本的相关属性对文本的字体、大小、颜色、粗细、斜体、下划线、上划线、删除线、对齐方式、缩进方式、字符间距、行间距、段落样式、溢出等进行设置，实现对网页文字的风格统一。

1. font-family 属性（字体类型）

font-family 属性用于设置字体类型。网页中常用的字体有"宋体""黑体"

126

"微软雅黑"等，如将网页中所有的字体设置为"微软雅黑"，可以使用如下 CSS 样式代码。

```
p{font-family:"微软雅黑";}
```

可以同时指定多种字体，中间以英文逗号隔开，浏览器会按照顺序找到支持的字体。代码如下。

```
body{font-family:Arial,"Times New Roman","微软雅黑","宋体","黑体";}
```

提示

（1）中文字体需要加英文状态的引号，英文字体一般不需要加引号，字体名中包含空格、#、$等特殊符号时必须加英文状态的引号。

（2）英文字体名必须位于中文字体名之前。

2. font-size 属性（字体大小）

font-size 属性用于设置字体大小，该属性的值有两种单位：相对长度单位和绝对长度单位，具体见表 3-4。

表 3-4　CSS 字体大小单位

类型	单位	说明
相对长度单位	em	相对于当前对象内文本的字体大小
	px	像素，最常用，推荐使用
绝对长度单位	in	英寸
	cm	厘米
	mm	毫米
	pt	点

提示

如果没有规定字体大小，普通文本（如段落）的默认大小是 16 像素 (16 px=1 em)。

例如，将网页中的所有段落文本的字体大小设为 12 像素，可使用如下 CSS 代码。

```
p{font-size:12px;}
```

3. color 属性（字体颜色）

color 属性用于设置字体颜色，其取值方式有三种，见表 3-5。

表 3-5　color 属性取值方式

取值方式	说明
预定义的颜色值	如 red、green、blue 等
十六进制	如#ff0000、#00ff00、#3ed78a 等
RGB 代码	如 RGB(255,0,0)、RGB(100%,0%,50%)等

提示

　　实际网页制作中推荐采用十六进制的颜色取值方式，如果采用 RGB 代码的百分比颜色，取值为 0 时也不能省略百分号，必须写为 0%。

　　例如，将网页中的所有段落文本的字体颜色设为红色，可使用如下 CSS 代码。

```
p{color:#ff0000;}
```

可简写为以下代码。

```
p{color:#f00;}
```

技巧

　　十六进制颜色值由#开头的 6 位十六制数值组成，每 2 位为一个颜色分量，分别代表颜色的红、绿、蓝。当 3 个分量的 2 位十六制数都相同时，可使用 CSS 缩写，如#ff0000 可缩写为#f00，#ff88aa 可缩写为#f8a。

4. font-style 属性（字体风格）

　　font-style 属性用于设置字体风格，如斜体、倾斜或正常字体，其属性值见表 3-6。

表 3-6　font-style 属性值

属性值	说明
normal	默认值，标准字体样式
italic	斜体字体样式
oblique	倾斜字体样式

　　其中 italic 和 oblique 都用于定义斜体，两者在显示效果上并无区别，通常使用 italic。

　　例如，将网页中的所有段落文本的字体风格设为斜体，可使用如下 CSS 代码。

```
p{font-style:italic;}
```

5. font-weight 属性（字体粗细）

font-weight 属性用于设置字体粗细，其属性值见表 3-7。

表 3-7 font-weight 属性值

属性值	说明
normal	默认值，正常粗细
bold	定义粗体字符
bolder	定义更粗的字符
lighter	定义更细的字符
100～900（100 的倍数）	定义粗细程度，其中 400 等同于 normal，700 等同于 bold

例如，将网页中的所有段落文本的字体粗细设为粗体，可使用如下 CSS 代码。

```
p{font-weight:bold;}
```

6. @font-face 属性（使用服务器端字体）

@font-face 属性是 CSS3 新增属性，用于定义服务器字体。通过该属性，开发者可以在用户计算机未安装字体时，使用任何喜欢的字体。其基本语法格式如下。

```
@font-face{
    font-famliy:字体名称;
    src:字体路径;
}
```

上述代码中 font-family 用于指定字体名称，src 属性用于指定该字体文件的路径。

7. text-transform 属性（英文字体大小写）

text-transform 属性用于实现转换页面中英文字体的大小写格式，其属性值见表 3-8。

表 3-8 text-transform 属性值

属性值	说明
none	不转换
capitalize	单词首字母大写
uppercase	单词所有字母全部大写
lowercase	单词所有字母全部小写

例如，将网页中的所有段落文本的单词首字母设为大写，可使用如下 CSS 代码。

```
p{text-transform:capitalize;}
```

8．text-decoration 属性（文字修饰）

text-decoration 属性用于设置文本的下划线、上划线、删除线等装饰效果，其属性值见表 3-9。

表 3-9　text-decoration 属性值

属性值	说明
none	默认值，无装饰
underline	下划线
overline	上划线
line-through	删除线

该属性后可以赋多个值，用于给文本添加多种装饰效果。例如，将网页中的所有段落文本添加下划线和删除线，可使用如下 CSS 代码。

```
p{text-decoration:underline line-through;}
```

9．text-shadow 属性（阴影效果）

text-shadow 属性可以为文本添加阴影效果，其基本语法格式如下。

```
选择器{text-shadow:h-shadow v-shadow blur color;}
```

其中 h-shadow 用于设置水平阴影距离，v-shadow 用于设置垂直阴影距离，blur 用于设置模糊半径，color 用于设置阴影颜色。下面通过实例 3-2-1 来讲解 text-shadow 属性的用法，参考代码如下。

```
1   <!DOCTYPE html>
2   <html>
3   <head>
4       <meta charset="utf-8">
5       <title>text-shadow 属性</title>
6       <style type="text/css">
7           p{
8               font-size: 60px;
9               color:black;
```

```
10              text-shadow: 20px 20px 10px #0f0;
11          }
12      </style>
13  </head>
14  <body>
15      <p>text-shadow 属性显示效果</p>
16  </body>
17  </html>
```

设置水平阴影距离为 20 像素，垂直阴影距离为 20 像素，模糊半径为 10 像素，阴影颜色为绿色

最终在浏览器中显示的效果如图 3-14 所示。

图 3-14
"3-2-1.html" 页面
效果图

技巧

text-shadow 属性可以设置多组阴影参数，中间用逗号隔开，用于实现给文字添加多个阴影，产生阴影叠加效果。如实例 3-2-1 中，第 10 行代码修改为：

```
text-shadow:20px 20px 20 px #f00,10px 10px 10 px #0f0;
```

可以产生红色和蓝色的阴影叠加效果，大家可以试一试。

10．text-align 属性（水平对齐方式）

text-align 属性用于设置文本的水平对齐方式，属性值见表 3-10。

表 3-10　text-align 属性值

属性值	说明
left	默认值，左对齐
right	右对齐
center	居中对齐

第3单元　CSS3优化网页样式

例如，设置一级标题居中对齐，可使用如下 CSS 代码。

```
h1{text-align:center;}
```

技巧

　　text-align 属性也可以设置图像的水平对齐方式，为图像添加一个父标签，如<p>或<div>标签，然后对父标签应用 text-align 属性即可设置图像的水平对齐方式。

11．text-indent 属性

text-indent（首行缩进）属性用于设置首行文本的缩进，其属性值可为不同单位的数值、字符宽度的倍数（em），或相对于浏览器窗口宽度的百分比（%），允许使用负值，建议使用 em 作为设置单位。例如，将网页中段落文本的首行缩进 2 个字符，可使用如下 CSS 代码。

```
p{text-indent:2em;}
```

12．letter-spacing 属性

letter-spacing（字符间距）属性用于设置文本字符间距，即字符间水平距离。其属性值可为不同单位的长度数值，推荐使用 px 或者 em 来定义。例如，将网页中的段落文本的字符间距设为 20 像素，可使用如下 CSS 代码。

```
p{letter-spacing:20px;}
```

13．line-height 属性

line-height（行间距）属性用于设置行间距，即字符的垂直距离，也称为行高，常用的属性值分别为像素（px）、相对值（em）和百分比（%），实际工作中使用最多的是像素（px）。例如，将网页中段落文本的行高设为 18 像素，可使用如下 CSS 代码。

```
p{line-height:18px;}
```

试一试　制作纯文字广告页面

运用 CSS 文本属性制作如图 3-15 所示效果的纯文字广告页面。

132

图 3-15
纯文字广告页面效果图

参考代码如下：

```
1   <!DOCTYPE html>
2   <html>
3   <head>
4   <meta charset="utf-8">
5   <title>纯文字广告页面</title>
6   <style type="text/css">
7       *{margin:0; padding:0;}
8       @font-face{font-family:ONYX; src:url(font/ONYX.TTF);}
9       @font-face{font-family:TCM; src:url(font/TCCM____.TTF);}
10      @font-face{font-family:ROCK; src:url(font/ROCK.TTF);}
11      @font-face{font-family:BOOM; src:url(font/BOOMBOX.TTF);}
12      @font-face{font-family:LTCH; src:url(font/LTCH.TTF);}
13      @font-face{font-family:jianzhi; src:url(font/FZJZJW.TTF);}
14      .one .a{font-family:ONYX; font-size:48px; color:#333;}
15      .one .b{font-family:TCM; font-size:58px; color:#4c9372;}
16      .two .a{font-family:ROCK; font-size:24px; font-weight:bold; font-
    style: oblique; color:#333;}
17      .two .b{font-family:ROCK; font-size:36px; font-weight:bold;
    color: #333;}
18      h2 .a{font-family:BOOM; font-size:60px;}
19      h2 .b{font-family:LTCH; font-size:50px; color:#e1005a;text-shadow:
    10px 10px 10px #cccccc;}
20      .three{font-family:"微软雅黑"; font-size:36px;}
21      .three strong{color:#e1005a;}
22      .four{width:650px; font-family:"微软雅黑"; font-size:14px; color:
    #747474;white-space:nowrap; overflow:hidden; text-overflow:ellipsis;}
```

```
23   </style>
24   </head>
25   <body>
26   <p  class="one"><strong  class="a">Tourism  NO.1</strong><strong
     class= "b">-HANGZHOU</strong></p>
27   <p class="two"><strong class="a">in August</strong><strong class=
     "b"> 28th</strong></p>
28   <h2><strong  class="a">杭 州 旅 游 节 </strong><strong  class="b"> 开 幕
     啦!</strong></h2>
29   <p class="three">所有景点<strong>免费</strong></p>
30   <p class="four"> "上有天堂，下有苏杭"，杭州市一直以来都以风景秀丽而
     闻名天下。"杭州十景"你都去过哪几个？</p>
31   </body>
32   </html>
```

•3.2.2　CSS3 背景样式属性

　　网页能通过背景图像给浏览者留下深刻的印象，不同主题的网站特色往往会体现在网站背景上，合理控制背景颜色和背景图像至关重要，在网页设计制作中，通过 CSS3 的一系列背景样式属性来控制网页背景的显示效果，如背景颜色、背景图像、背景图像平铺方式、背景图像位置等属性。

1．background-color 属性

　　background-color（背景颜色）属性用于设置背景颜色，其属性值与字体颜色的取值一样,可使用预定义的颜色值、十六进制或 RGB 代码。background-color的默认值为 transparent，即背景透明，此时子元素会显示父元素的背景。例如，将网页的背景颜色设为#cccccc，可使用如下 CSS 代码。

```
body{background-color:#cccccc;}
```

2．background-image 属性

　　background-image（背景图像）属性用于设置背景图像，其属性值为 none即无背景图像或背景图像的 URL（相对路径或者绝对路径）。例如，将网页的背景图像设为 "images/bg01.jpg"，可使用如下 CSS 代码。

```
body{background-image:url("images/bg01.jpg");}
```

3. background-repeat 属性

background-repeat（背景图像平铺方式）属性用于设置背景图像平铺方式。默认情况下，背景图像会自动沿着水平和垂直两个方向平铺，如果不希望图像平铺，或者只沿一个方向平铺，可以通过 background-repeat 属性来控制，其属性值见表 3-11。

表 3-11 background-repeat 属性值

属性值	说明
repeat	默认值，沿水平和垂直两个方向平铺
no-repeat	不平铺（图像位于左上角）
repeat-x	只沿水平方向平铺
repeat-y	只沿垂直方向平铺

例如，将网页"3-2-2.html"的背景图像设为"images/bg01.jpg"，并设置背景图像不平铺，代码如下。

```
1    <!DOCTYPE html>
2    <html>
3    <head>
4       <meta charset="utf-8">
5       <title>background-repeat 属性</title>
6       <style type="text/css">
7          body{
8             background-image: url("images/bg01.jpg");
9             background-repeat: no-repeat;
10         }
11      </style>
12   </head>
13   <body>
14      <p>background-repeat 属性</p>
15   </body>
16   </html>
```

背景图像定义不平铺，在浏览器中显示的效果如图 3-16 所示，背景图像位于网页的左上角，即 body 元素的左上角。

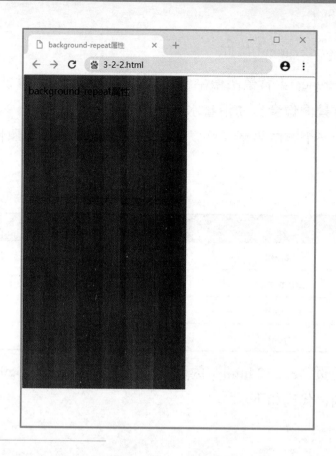

图 3-16
"3-2-2.html" 页面效果图

4．background-position 属性

background-position（背景图像位置）属性用于设置背景图像的位置。当背景图像设置为不平铺时，背景图像将默认以元素的左上角为基准点显示，如图 3-17 所示。如果想要背景图像出现在其他的位置，就需要 background-position 属性来设置图像的位置。例如，将 "3-2-2.html" 的 CSS 代码修改为如下代码。

```
7   body{
8       background-image: url("images/bg01.jpg");
9       background-repeat: no-repeat;
10      background-position:right top;    /*设置背景图像的位置*/
11  }
```

> 加入代码设置背景图像的位置为右上

另存为网页 "3-2-3.html"，用浏览器打开，显示效果如图 3-17 所示，背景图像出现在页面的右上角。在 CSS 中，background-position 属性的值通常设置为两个，中间用空格隔开，用于定义背景图像在元素的水平和垂直方向的位置，如上面代码中的 "right top"。background-position 属性的默认值为 "left top" 或 "0 0"，即背景图像位于元素左上角。

136

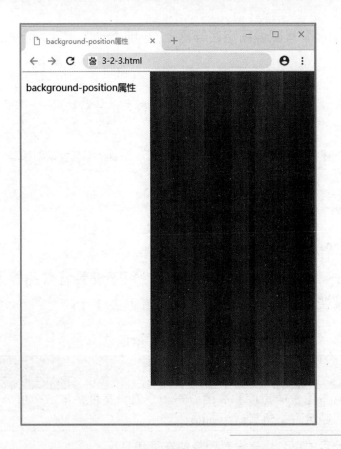

图 3-17
"3-2-3.html" 页面效果图

background-position 属性的取值方式有三种，见表 3-12。

表 3-12 background-position 属性的取值方式

取值方式	说明
不同单位的数值	cm、mm、px（最常用）
预定义的关键字	水平方向：left、center、right 垂直方向：top、center、bottom
百分比	按背景图像与元素的指定点对齐

5. background-attachment 属性

background-attachment（背景图像固定）属性用于设置背景图像固定。当网页中的内容较多时，在网页中设置的背景图像会随着页面滚动条的移动而移动，如果希望背景图像固定在屏幕的某一区域，不随着滚动条滚动，可以使用 background-attachment 属性来设置，其属性值见表 3-13。

表 3-13 background-attachment 属性值

属性值	说明
scroll	默认值，图像随页面元素一起滚动
fixed	图像固定，不随页面元素滚动

例如，控制页面背景图像固定在屏幕上，不随滚动条滚动，可使用以下 CSS 代码。

```
body{
    background-image: url("images/bg01.jpg");
    background-repeat: no-repeat;
    background-position:right top;
    background-attachment:fixed;                  加入设置背景图像固定的代码
}
```

6. background-size 属性

background-size（背景图像大小）属性用于设置背景图像大小，通过该属性可以自由控制背景图像的大小，其属性值见表 3-14。

表 3-14　background-size 属性的取值方式

取值方式	说明
像素值	设置背景图像的宽度和高度。第一个值为宽度，第二个值为高度，如果只设一个值，则另一个值默认为 auto
百分比	以父元素的百分比来设置图像的宽度和高度
cover	把背景图像扩展至足够大，使背景图像完全覆盖背景区域
contain	把图像扩展至最大尺寸，使其宽度和高度完全适应内容区域

例如，设置网页"3-2-2.html"中的背景图像大小，宽度为 400 像素，高度为 300 像素，可以使用以下代码。

```
body{
    background-image: url("images/bg01.jpg");
    background-repeat: no-repeat;
    background-position:right top;
    background-attachment:fixed;                   设置背景图像大小
    background-size:400px 300px;
}
```

7. background-origin 属性

默认情况下，background-origin（背景图像显示区域）属性总是以元素左上角为坐标原点定位背景图像，运用 background-origin 属性可以改变这种定位方式，自行定义背景图像的相对位置。其属性值见表 3-15。

表 3-15　background-origin 属性值

属性值	说明
padding-box	背景图像相对于内边距区域来定位
border-box	背景图像相对于边框来定位
content-box	背景图像相对于内容来定位

例如，将网页"3-2-2.html"中的背景图像相对文本内容定位，可以使用以下代码。

```
body{
    background-image: url("images/bg01.jpg");
    background-repeat: no-repeat;
    background-position:right top;
    background-attachment:fixed;
    background-size:400px 300px;
    background-origin:content-box;    ┄┄ 设置背景图像相对于内容定位
}
```

8. background-clip 属性

background-clip（背景图像裁剪区域）属性用于定义背景图像的裁剪区域，其属性值与 background-origin 属性相似，但含义不同，其属性值见表 3-16。

表 3-16　background-clip 属性值

属性值	说明
border-box	默认值，从边框区域向外裁剪背景
padding-box	从内边框区域向外裁剪背景
content-box	从内容区域向外裁剪背景

例如，将网页"3-2-2.html"中的背景图像从内容区域向外裁剪背景，可以使用以下代码。

```
body{
    background-image: url("images/bg01.jpg");
    background-repeat: no-repeat;
    background-position:right top;
    background-attachment:fixed;
    background-size:400px 300px;
    background-origin:content-box;
    background-clip:content-box;    ┄┄ 背景图像从内容区域向外裁剪背景
}
```

试一试　为网页添加背景效果

学习了网页的背景样式属性后，大家试一试运用背景样式属性，为网页添加背景效果，将其保存为"3-2-4.html"。页面效果如图 3-18 所示。

图 3-18
添加背景页面效果图

3.2.3　CSS3 渐变属性

在 CSS3 中如果要添加渐变效果，通常需要设置背景图像来实现。CSS3 中增加了渐变属性，通过渐变属性可轻松实现渐变效果。CSS3 的渐变属性主要包括线性渐变、径向渐变、重复渐变。

1. 线性渐变

在线性渐变过程中，起始颜色会沿着一条直线按顺序过渡到结束颜色。运用 CSS3 中的"background-image:linear-gradient(参数值);"样式可以实现线性渐变效果，其基本语法格式如下。

```
background-image:linear-gradient(渐变角度,颜色值1,颜色值2,…,颜色值n)
```

linear-gradient 用于定义渐变方式为线性渐变，括号内的参数具体解释见

表 3-17。

表 3-17 linear-gradient 参数值

参数	参数值说明
渐变角度值	水平线与渐变线之间的夹角度数，单位为 deg
颜色值	颜色值 1 表示起始颜色，颜色值 n 表示结束颜色

下面通过实例 3-2-5 对线性渐变的用法和效果进行演示，代码如下。

```
1   <!DOCTYPE html>
2   <html>
3     <head>
4     <meta charset="utf-8">
5     <title>线性渐变</title>
6     <style type="text/css">
7       .linear{
8           width: 400px;
9           height: 400px;
10          background-image:linear-gradient(30deg,#0f0,#00f);
11          color: #fff;
12      }
13    </style>
14    </head>
15  <body>
16    <div class="linear">CSS3 实现线性渐变</div>
17  </body>
18  </html>
```

线性渐变：渐变角度为 30°，开始颜色为绿色，结束颜色为蓝色

在浏览器中显示的效果如图 3-19 所示，可以清楚地看到 div 块实现了从绿色到蓝色的线性渐变。

技巧

渐变角度默认为 "180deg"，也可以采用预定义关键字：

0deg="to top"

90deg="to right""

180deg="to bottom"

270deg="to left"

图 3-19
"3-2-5.html"页面效果图

2. 径向渐变

径向渐变是网页中另一种常用的渐变，在径向渐变过程中，起始颜色是从一个中心点开始，依据椭圆或圆形形状进行扩张渐变。运用 CSS3 中的"background-image:radial-gradient(参数值);"样式可以实现径向渐变效果，其基本语法格式如下。

```
background-image:radial-gradient(渐变形状 圆心位置,颜色值 1,颜色值 2,…,
颜色值 n)
```

radial-gradient 用于定义渐变方式为径向渐变，括号内的参数具体解释见表 3-18。

表 3-18　radial-gradient 参数值

参　　数	参数值说明
渐变形状	circle（圆形）、ellipse（椭圆）、像素值/百分比（形状的水平和垂直半径）
圆心位置	定义渐变中心位置，"at"+关键词或参数值
颜色值	颜色值 1 表示起始颜色，颜色值 n 表示结束颜色

下面通过实例 3-2-6 对线性渐变的用法和效果进行演示，代码如下。

```
1    <!DOCTYPE html>
2    <html>
3    <head>
4    <meta charset="utf-8">
5    <title>径向渐变</title>
6    <style type="text/css">
7       .radial{
            width: 400px;
8          height: 400px;
9          background-image:radial-gradient(200px 150px,at center,#ff0,#080);
10         color: #fff; }
11   </style></head>
12   <body>
13      <div class="radial">CSS3 实现径向渐变</div>
14   </body>
15   </html>
```

径向渐变：渐变形状为水平、半径为 200 像素、垂直半径为 150 像素的椭圆，圆心位置为中间，开始颜色为#ff0，结束颜色为#080

在浏览器中显示的效果如图 3-20 所示，可以清楚地看到 div 块实现了指定形状和颜色的径向渐变。

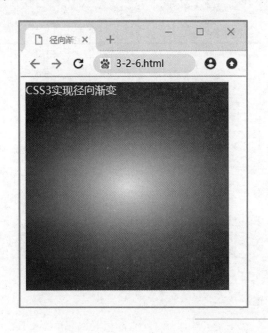

图 3-20
"3-2-6.html" 页面效果图

3. 重复渐变

重复渐变即让线性渐变（linear-gradient）或径向渐变（radial-gradient）重复执行。用法是 repeating-linear-gradient（重复线性渐变）和 repeating-radial-gradient（重复径向渐变）参数。

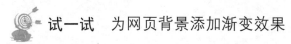 试一试 为网页背景添加渐变效果

学习了网页的渐变属性后，大家试一试在实例 3-2-7 中运用渐变属性，为网页设置渐变背景颜色，效果图如图 3-21 所示。

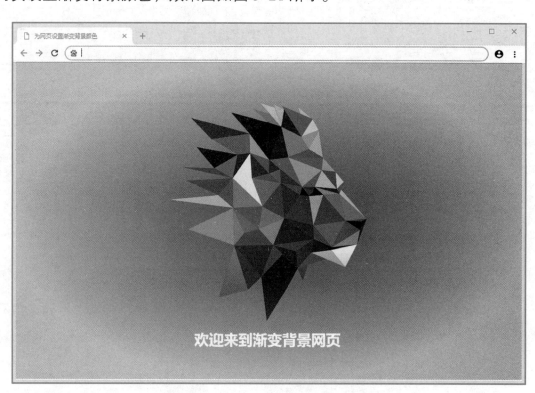

图 3-21
设置渐变背景颜色页面效果图

参考代码如下。

```
1   <html>
2   <head>
3       <meta charset="utf-8">
4       <title>为网页设置渐变背景颜色</title>
5       <style type="text/css">
6       * {
7           margin: 0px;
8           padding: 0px;
9       }
10      body,html {
11          height: 100%;
12      }
```

```
13    body {
14        font-family: 微软雅黑;
15        font-size: 14px;
16        color: #fff;
17        line-height: 30px;
18        background-color: #e04f16;
19        background-image:radial-gradient(50% 50% at center,#e04f16,
      #e0de16);
20    }
21    #box {
22        width: 980px;
23        height: auto;
24        overflow: hidden;
25        padding-top: 80px;
26        margin: 0px auto;
27        font-size: 30px;
28        font-weight: bold;
29        line-height: 50px;
30        text-align: center;
31    }
32    </style>
33 </head>
34 <body>
35 <div id="box"><img src="images/sw.png" width="407" height="437"
   alt=""/><br>
36 欢迎来到渐变背景网页 </div>
37 </body>
38 </html>
```

•3.2.4 CSS3 列表样式属性

  列表是网页制作中很常用的元素，通过 CSS 属性控制列表，能够从更多方面控制列表的外观，使列表看起来更加整齐和美观，使网站实用性更强。CSS 样式中提供了 list-style-type、list-style-image 等属性来控制列表样式。

1．list-style-type 属性

list-style-type（列表符号）属性用于控制列表符号，列表可分为无序列表和有序列表，两种列表中 list-style-type 属性的属性值有很大区别。

（1）无序列表。无序列表是网页中运用得非常多的一种列表形式，用于将一组相关的列表项目排列在一起，并且列表中的项目没有特别的先后顺序。无序列表使用<li>标签罗列各个项目，并且每个项目前面都带有特殊符号。在 CSS 样式中，list-style-type 属性用于控制无序列表项目前面的符号，其属性值见表 3-19。

表 3-19　无序列表 list-style-type 属性值

属性值	说明
disc	默认值，列表符号为实心圆"●"
circle	列表符号为空心圆"○"
square	列表符号为实心方块"■"
none	不使用任何符号

例如，将网页中的无序列表的项目符号设置为空心圆，可使用如下 CSS 代码。

```
.list1{list-style-type: circle;}
```

（2）有序列表。有序列表具有明确先后顺序，默认情况下，创建的有序列表在每条信息前加上序号 1、2、3……。通过 list-style-type 属性可以对有序列表的序号进行控制，其属性值见表 3-20。

表 3-20　有序列表 list-style-type 属性值

属性值	说明
decimal	序号使用十进制数字标记（1、2、3……）
decimal-leading-zero	序号使用有前导零的十进制数字标记（01、02、03……）
lower-roman	序号使用小写罗马数字标记（i、ii、iii……）
upper-roman	序号使用大写罗马数字标记（I、II、III……）
lower-alpha	序号使用小写英文字母标记（a、b、c……）
upper-alpha	序号使用大写英文字母标记（A、B、C……）
none	不使用任何形式的序号
inherit	继承父元素的 list-style-type 属性设置

例如，将网页中的有序列表的项目序号设置为小写英文字母，可使用如下 CSS 代码。

```
.list2{list-style-type: lower-alpha;}
```

下面通过实例 3-2-8 来演示 list-style-type 属性的用法和效果，代码如下。

```
1   <!DOCTYPE html>
2   <html>
3   <head>
4       <meta charset="utf-8">
5       <title>list-style-type 属性</title>
6       <style type="text/css">
7       .list1{
8           list-style-type: circle;
9       }
10      .list2{
11          list-style-type:lower-alpha;
12      }
13      </style>
14  </head>
15  <body>
16      <ul class="list1">
17          <li>无序列表 1</li>
18          <li>无序列表 2</li>
19          <li>无序列表 3</li>
20      </ul>
21      <ol class="list2">
22          <li>有序列表 1</li>
23          <li>有序列表 2</li>
24          <li>有序列表 3</li>
25      </ol>
26  </body>
27  </html>
```

在浏览器中显示的效果如图 3-22 所示。

图 3-22
"3-2-8.html" 页面效果图

2．list-style-image 属性

网页制作时除了 CSS 样式中提供的列表符号，往往还会需要制作更加精美的列表符号，可以使用 list-style-image（自定义列表符号）属性来自定义列表符号，该属性可以设置图片作为列表符号，只需要输入图片的路径。例如，将网页中的无序列表的项目符号设置为路径为 "images/li.jpg" 的图片，可使用如下 CSS 代码。

```
.list1{
    list-style-image:url(images/li.jpg);
}
```

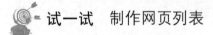 **试一试**　制作网页列表

运用所学的 CSS 列表样式属性知识制作如图 3-23 所示网页，自定义列表符号图片保存在 "images" 目录中，最后网页保存为 "3-2-9.html"。

图 3-23
"3-2-9.html" 页面效果图

·3.2.5　CSS3 边框样式属性

网页制作中元素的边框是经常需要美化和修饰的，通过 HTML 定义的元素边框风格单一，无法满足网页美观的要求。在 CSS 样式中，通过 border 属性定

义边框的宽度、样式、颜色、圆角边框等，可以使网页元素的边框有更丰富的样式，从而使元素的效果更加美观。

1. border-width 属性

border-width（边框宽度）属性用于设置边框的宽度，其属性值见表 3-21。

表 3-21　border-width 属性值

属性值	说明
medium	默认值，中等宽度
thin	比 medium 细
thick	比 medium 粗
length	自定义宽度

border-top-width、border-right-width、border-bottom-width、border-left-width 可以分别对 4 条边框进行不同粗细的设置。

2. border-style 属性

border-style（边框样式）属性用于设置边框的样式，其属性值见表 3-22。

表 3-22　border-style 属性值

属性值	说明
none	无边框
hidden	与 none 相同，对于表格可以用来解决边框冲突
dotted	点状边框
dashed	虚线边框
solid	实线边框
double	双线边框
groove	3D 凹槽边框
ridge	脊线式边框
inset	内嵌效果的边框
outset	凸起效果的边框

border-style 属性与 border-width 属性一样也具有上、右、下、左 4 个属性，即 border-top-style、border-right-style、border-bottom-style、border-left-style，用于定义 4 条不同的边框。

> **技巧**
>
> 　　定义 4 条边框的不同样式还可以有另一种简单的定义方法，如对<div>标签设置 4 条不同的边框，可以用如下 CSS 代码。
>
> 　　div{border-style:dashed solid double dotted}　/*4 个参数间用空格隔开，分别代表上、右、下、左 4 条边框的样式*/

3. border-color 属性

border-color（边框颜色）属性用于设置边框颜色，属性值可以使用预定义的颜色值、十六进制和 RGB 代码等方式进行设置。border-color 属性也具有 border-top-color、border-right-color、border-bottom-color、border-left-color 4 个属性。

4. border-radius 属性

border-radius（圆角边框）属性用于设置圆角边框，是 CSS3 新增的属性，通过该属性可以轻松地在网页中实现圆角边框效果，其属性值见表 3-23。

表 3-23　border-radius 属性值

属性值	说明
none	默认值，不设置圆角效果
length	用于设置圆角度数值，用 1~4 个值代表 4 个角，如果只设一个值表示 4 个角相同

例如，设置 div 块的边框为 4 个角相同的圆角矩形，可使用以下 CSS 代码。

```
div{
    border:2px solid #CBA276;
    width:400px;
    height:200px;
    border-radius:20px;
    text-align: center;
}
```

> 只设 1 个值，表示 4 个角相同，水平半径和垂直半径都是 20 像素

在浏览器中打开显示的效果如图 3-24 所示。

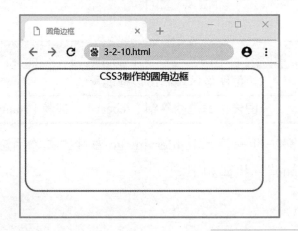

图 3-24
4 个角相同的圆角矩形页面效果图

如果要将圆角边框的 4 个角设置为不同的圆角，可将框内的代码修改为：

```
border-radius:20px 40px 60px 80px;
```

其效果显示如图 3-25 所示，代码最终保存在"3-2-10.html"中。

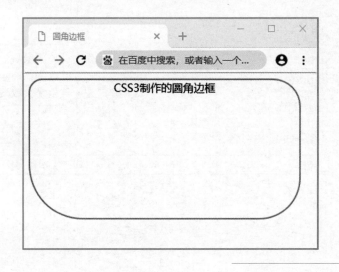

图 3-25
4 个角不同的圆角矩形页面效果图

5. border-image 属性

border-image（图像边框）属性将图像直接作为边框，替代了以前必须使用图片背景的方式模拟实现图片边框的效果。该属性是 CSS3 新增属性，它的强大之处在于它能灵活地分割图像，并应用于边框。border-image 属性是一个简写属性，用于设置以下属性，见表 3-24。

表 3-24 border-image 属性

属 性	说 明
border-image-source	用于边框的图片的路径
border-image-slice	图片剪裁位置
border-image-width	图片边框的宽度

151

续表

属　　性	说　　明
border-image-outset	边框图像区域超出边框的量
border-image-repeat	图像边框是否平铺（repeat）、铺满（round）或拉伸（stretch）

下面通过实例 3-2-11 来演示 border-image 属性的具体用法和效果，图片素材为 "images/border.png"，代码如下。

```
1   <!DOCTYPE html>
2   <html>
3   <head>
4       <meta charset="utf-8">
5       <title>border-image 属性</title>
6       <style type="text/css">
7           #MyDIV{
8               border:15px solid transparent;
9               width:250px;
10              padding:10px 20px;
11              border-image:url(images/border.png) 30 30 stretch;
12          }
13      </style>
14  </head>
15  <body>
16      <div id="MyDIV">CSS3 制作的图像边框</div>
17  </body>
18  </html>
```

> 如将最后一个参数 "stretch" 改为 "round"，则图像边框效果会改变，如图 3-27 所示

在浏览器中打开后的效果如图 3-26 所示。

图 3-26
"3-2-11.html" 页面
效果图

图 3-27
"3-2-11.html" 修改后的
页面效果图

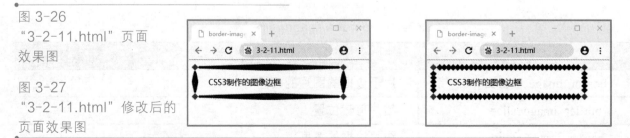

🎯 试一试 　为网页图片添加不同边框

　　学习了边框样式属性后，大家试一试运用边框样式属性，为网页中的图片添加不同的边框效果，效果图如图 3-28 所示。

图 3-28
为网页图片添加不同边框的页面效果

　　参考代码如下。

```
1    <html>
2    <head>
3      <meta charset="utf-8">
4      <title>为图片添加不同边框效果</title>
5      <style type="text/css">
6      img{width:200px;}
7      .border1{
8          border-style: double;
9          border-color: #d2ec0f;
10         width: 200px;
11         border-width: 6px;
12     }
13     .border2{
14         border-style: dashed;
15         border-color:#2ed72d;
```

153

```
16        border-width: 4px;
17      }
18      .border3{
19        border-style: solid;
20        border-color: #c73639;
21        border-radius: 15px;
22        border-width: 4px;
23      }
24      .border4{
25        border-style: solid;
26        border-image: url(images/border-image.png) 30 30 round;
27      }
28    </style>
29  </head>
30  <body>
31    <img src="images/xz1.jpg" class="border1">
32    <img src="images/xz2.jpg" class="border2">
33    <img src="images/xz3.jpg" class="border3">
34    <img src="images/xz4.jpg" class="border4">
35  </body>
36  </html>
```

实践与体验　美化景点排行榜页面

　　通过前面的学习，我们已经掌握了 CSS3 的重要属性，如文本属性、背景属性、渐变属性、列表属性、边框属性等，接下来通过完成一个具体任务对所学的知识进行综合应用。要求使用 CSS3 样式属性对景点排行榜页面进行美化，最终效果如图 3-29 所示。

　　1. 页面样式要求

　　（1）清除页面边距、间距、边框。

　　（2）景点排行榜所有内容放在一个类名为"bg"的 DIV 中，将该 DIV 设置宽度为 390 像素、边框为粗细 3 像素、颜色为#999 的实线，设置内边距为 40

像素，在页面居中显示。

（3）景点排名部分采用无序列表显示，背景颜色设置为#fff，设置圆角边框属性"border-radius:30 px"，设置边框阴影属性"box-shadow:100 px 15 px 12 px #000"。

（4）列表第一项显示一个 logo 图片（logo.png）和文字图片（wenzi.png），设置如图 3-29 所示的圆角边框。

图 3-29
景点排行榜页面效果

（5）其他列表项为景点名称，文字的字体为"微软雅黑"，大小为 18 像素，字体颜色为#d6d6d6，居中显示，每个景点的背景颜色为#504d58，每个景点前显示小图标（tb.png）。

2. 页面代码

页面代码如下。

```
1   <!DOCTYPE html>
2   <html>
3   <head>
4       <meta charset="utf-8">
5       <title>景点排行榜</title>
6       <link rel="stylesheet" type="text/css" href="3-2-12.css">
7   </head>
8   <body>
9   <div class="bg">
10      <ul>
11          <li class="tp"></li>
```

155

12	<li>拉萨</li>
13	<li>稻城亚丁</li>
14	<li>故宫</li>
15	<li>九寨沟</li>
16	<li>雅鲁藏布大峡谷</li>
17	<li>宏村</li>
18	<li>婺源</li>
19	<li>纳木错</li>
20	<li>三亚</li>
21	<li class="yj">凤凰古城</li>
22	</ul>
23	</div>
24	</body>
25	</html>

3. 定义 CSS 样式

CSS 样式代码如下。

1	@charset "utf-8";
2	/* CSS Document */
3	/*重置浏览器的默认样式*/
4	*{
5	margin:0;
6	padding: 0;
7	list-style: none;
8	outline: none; }
9	/*整体控制景点排行榜模块*/
10	.bg{
11	width:390px;
12	height:auto;
13	margin:0px auto;
14	padding:40px;
15	padding-top:0px;
16	border:3px solid #999; }
17	/*景点排名部分*/

```
18  ul{
19      width:390px;
20      height:auto;
21      background:#fff;
22      border-radius:30px;
23      box-shadow:10px 15px 12px #000;
24      margin:0 auto;}
25  ul li{
26      width:372px;
27      height:50px;
28      background:#504d58 url(images/tb.png) no-repeat 70px 20px;
29      margin-bottom:2px;
30      font-size:18px;
31      color:#d6d6d6;
32      line-height:55px;
33      text-align:center;
34      font-family:"微软雅黑";
35  }
36  /*需要单独控制的列表项*/
37  ul .tp{
38      width:372px;
39      height:247px;
40      background:#fff;
41      background-image:url(images/logo.png),url(images/wenzi.jpg);
42      background-repeat:no-repeat;
43      background-position:87px 16px,99px 192px;
44      border-radius:30px 30px 0 0;
45  }
46  ul .yj{border-radius:0 0 30px 30px;}
```

3.3 DIV+CSS3 布局

在传统的表格布局中，之所以能进行页面的排版布局设计，完全依赖于表格标签<table>。但表格布局需要通过表格的间距或者使用透明的 GIF 图片来填充布局板块间的间距，这样布局的网页中会生成大量难以阅读和维护的代码；而且表格布局的网页要等整个表格下载完后才能显示所有内容，所以表格布局的网页浏览速度较慢。而在 DIV+CSS3 布局中，DIV 是这种布局方式的核心对象，使用 CSS3 布局的页面排版不需要依赖表格，做一个简单的布局只需要依赖 DIV 与 CSS3，因此称为 DIV+CSS3 布局。

•3.3.1　DIV 布局

DIV 与其他 HTML 标签一样，是 HTML 中的标签。与使用表格时应用 <table></table> 结构一样，DIV 在使用时也是以 <div></div> 的形式出现，通过 CSS 样式可以轻松地控制 DIV 的位置，从而实现许多不同的布局方式。使用 DIV 进行网页排版布局是网页设计制作的趋势。

1. DIV 概念

DIV 元素是用来为 HTML 文档内大块的内容提供结构和背景的元素。DIV 的起始标签与结束标签之间的所有内容都是用来构成这个块的，其中所包含元素的特性由 <div> 标签的属性来控制，或者是通过使用 CSS 样式格式化这个块进行控制。DIV 是一个容器。

```
<div>文档内容</div>
```

2. DIV 的使用方式

与其他 HTML 对象一样，只需在代码中应用 <div></div> 这样的标签形式，将内容放置其中，便可以应用 <div> 标签。

> <div> 标签只是一个标识，作用是把内容标识为一个区域，并不负责其他事情，DIV 只是 CSS 布局工作的第一步，DIV 用来将页面中的内容元素标识出来，而为内容添加样式则由 CSS 来完成。

DIV 对象除了可以直接放入文本和其他标签，多个 DIV 标签也可以嵌套使用，最终的目的是合理地标识页面的区域。

DIV 对象在使用时，可以加入其他属性，如 id、class、align 和 style 等。而在 CSS 布局方面，为了实现内容与表现分离，不应将 align（对齐）属性与 style（行间样式表）属性编写在 HTML 页面的 <div> 标签中，因此，DIV 代码只可能拥有以下两种属性。

- 使用 id 属性，可以将当前这个 DIV 指定一个 id 名称，在 CSS 中使用 id 选择器进行 CSS 样式编写。
- 使用 class 属性，在 CSS 中使用选择器进行 CSS 样式编写。

```
<div id="id 名称">内容</div>
<div class="class 名称">内容</div>
```

在一个没有应用 CSS 样式的页面中，即使应用了 DIV，也没有任何实际效果，就如同直接输入了 DIV 中的内容一样，那么该如何理解 DIV 在布局上所带来的不同呢？

首先用表格与 DIV 进行比较。使用表格布局时，表格设计的左右分栏或上下分栏，都能够在浏览器预览时直接看到分栏效果，如图 3-30 所示。

图 3-30
表格布局

表格自身的代码形式，决定了在浏览器中显示时，两块内容分别显示在左单元格与右单元格中，因此不管是否应用了表格线，都可以明确知道内容存在于两个单元格中，也达到了分栏的效果。

同表格的布局方式，使用 DIV 布局，编写 DIV 代码。

```
<div>左</div>
<div>右</div>
```

而此时预览能够看到仅仅出现了两行文字，并没有看出 DIV 的任何特征，显示效果如图 3-31 所示。

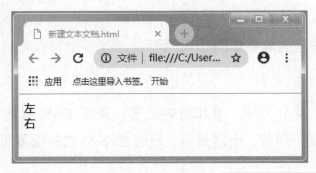

图 3-31
DIV 布局

从表格与 DIV 的比较中可以看出，DIV 对象本身就是占据整行的一种对象，不允许其他对象与它在行中并列显示。

　　DIV 在页面中并非用于与文本类似的行间排版，而是用于大面积、大区域的块状排版。另外，从页面的效果中发现，网页中除了文字之外没有任何其他效果，两个 DIV 之间的关系，只是前后关系，并没有出现类似表格的组织形式，可以说，DIV 本身与样式没有任何关系。样式需要编写 CSS 来实现，因此 DIV 对象从本质上实现了与样式分离。

　　因此在 CSS 布局中，所需要的工作可以简单归纳为两个步骤：首先使用 DIV 将内容标记出来，然后为这个 DIV 编写需要的 CSS 样式。

　　由于 DIV 与 CSS 样式分离，最终样式由 CSS 来完成。与样式无关的特性，使得 DIV 在设计中拥有巨大的可伸缩性，可以根据自己的想法改变 DIV 的样式，不再局限于单元格的固定模式。

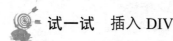 试一试　插入 DIV

　　下面通过实例 3-3-1 来尝试网页中 <div> 的用法，代码如下。

```
1   <!DOCTYPE html>
2   <html>
3   <head>
4       <meta charset="utf-8">
5       <title>插入 div</title>
6   </head>
7   <body>
8       <div id="bg">
9           <div>此处填入 DIV 容器内需要显示的内容</div>
10      </div>
11  </body>
12  </html>
```

在浏览器中显示的效果如图 3-32 所示。

3．块元素与行内元素

　　HTML 中的元素分为块元素和行内元素，通过 CSS 样式可以改变 HTML 元素原本具有的显示属性，也就是说，通过 CSS 样式的设置可以将块元素与行内元素相互转换。

160

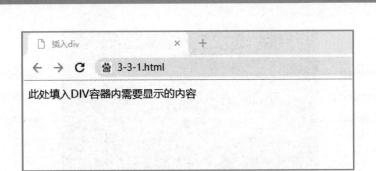

图 3-32
"3-3-1.html" 页面效果图

（1）块元素。每个块元素默认占一行高度，在行内添加一个块级元素后，一般无法添加其他元素（使用 CSS 样式进行定位和浮动设置除外）。代码中两个块元素相邻时，会在页面自动换行显示。块元素一般可嵌套块元素或行内元素。在 HTML 代码中，常见的块元素包括<div><p><table>等。

在 CSS 样式中，可以通过 display 属性控制元素的显示方式。display 属性的默认值为 block，即元素的默认方式是以块元素方式显示。

（2）行内元素。行内元素也叫内联元素、内嵌元素等，行内元素一般都是基于语义级的基本元素，只能容纳文本或其他内联元素。

当 display 属性值被设置为 inline 时，可以把元素设置为行内元素。<span><a><img><b><font>和<input>等都是默认的行内元素。

3.3.2　CSS 盒子模型

盒子模型（Box Model）是使用 DIV+CSS 对网页元素进行控制时一个非常重要的概念，只有很好地掌握了盒子模型及其中每个元素的用法，才能真正地控制页面中各元素的位置。

1. CSS 盒子模型概念

在 CSS 中，所有的页面元素都包含在一个矩形框内，这个矩形框称为盒子模型。盒子模型描述了元素及其属性在页面布局中所占的空间大小，因此盒子模型可以影响其他元素的位置及大小。一般来说，这些被占据的空间往往都比单纯的内容要大。可以通过整个盒子的边框和距离等参数，来调整盒子的位置。

盒子模型是由 margin(外边距)、border(边框)、padding(内边距)和 content (内容) 几个部分组成的，此外，在盒模型中，还具有高度和宽度两个辅助属性，如图 3-33 所示。

从图中可以看出，盒子模型包含 4 个部分，即 margin 属性、border 属性、padding 属性和 content 属性，其中 content 属性，称为内容，是盒子模具中必需的一部分，可以放置文字、图像等内容。

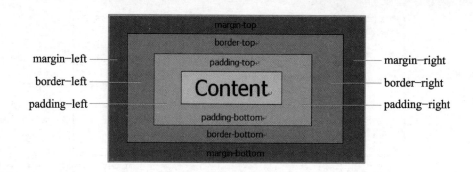

图 3-33
盒子模型示意图

　　一个盒子的实际高度是由 content+padding+border+margin 组成的。在 CSS 中，可以通过设置 width 或 height 属性来控制 content 部分的大小，而且任何一个盒子都可以分别设置 4 条边的 border、margin 和 padding。

2．margin 属性

　　margin 属性称为边界或外边距，用于设置页面中元素和元素之间的距离，即定义元素周围的空间范围，是页面排版中一个比较重要的概念。

　　margin 属性的语法格式如下。

```
margin: auto | length;
```

　　其中，auto 表示根据内容自动调整，length 表示由浮点数字和单位标识符组成的长度值或基于父对象的高度的百分比。对于行内元素来说，左右外延边距的值可以是负数。

　　在给 margin 设置值时，如果提供 4 个参数值，将按顺时针的顺序作用于上、右、下、左 4 条边；如果只提供 1 个参数值，则将作用于 4 条边；如果提供 2 个参数值，则第 1 个参数值作用于上、下两条边，第 2 个参数值作用于左、右两条边；如果提供 3 个参数值，第 1 个参数值作用于上边，第 2 个参数值作用于左、右两条边，第 3 个参数值作用于下边。

3．border 属性

　　border 属性称为边框，是内边距和外边距的分界线，可以分离不同的 HTML 元素，border 的外边距是元素的最外围。在网页设计中，如果计算元素的宽和高，则需要把 border 属性值计算在内。

　　border 属性的语法格式如下。

```
border : border-style | border-color | border-width
```

border 属性有 3 个子属性，分别是 border-style（边框样式）、border-width（边框宽度）和 border-color（边框颜色）。

4. padding 属性

padding 属性称为内边距，用于设置内容与边框之间的距离。

padding 属性的语法格式如下。

```
padding: length
```

padding 属性值可以是一个具体的长度，也可以是一个相对于上级元素的百分比，但不可以使用负值。

padding 包括 4 个子属性，分别用于控制元素四周的内边距，分别是 padding-top（上方内边距）、padding-right（右侧内边距）、padding-bottom（下方内边距）和 padding-left（左侧内边距）。

> 在给 padding 设置值时，如果提供 4 个参数值，将按顺时针的顺序作用于上、右、下、左 4 条边；如果只提供 1 个参数值，则将作用于 4 条边；如果提供 2 个参数值，则第 1 个参数值作用于上、下两条边，第 2 个参数值作用于左、右两条边；如果提供 3 个参数值，第 1 个参数值作用于上边，第 2 个参数值作用于左、右两条边，第 3 个参数值作用于下边。

5. CSS3 盒子模型的特性

关于 CSS3 盒子模型，有以下几个特性是在使用过程中需要注意的。

（1）边框默认的样式（border-style）可设置为不显示（none）。

（2）内边距值（padding）可以为负。

（3）外边距值（margin）可以为负，其显示效果在各浏览器中可能不同。

（4）行内元素，如<a>，定义上下边界不会影响到行高。

（5）对于块元素，未浮动的垂直相邻元素的上方外边距和下方外边距会被压缩。例如，有上下两个元素，上面元素的下方外边距为 10 像素，下面元素的上方外边距为 5 像素，则实际两个元素的间距为 10 像素（两个外边距值中较大的值），这就是盒模型的垂直空白边界叠加的问题。

（6）浮动元素（无论是左浮动还是右浮动）外边距不压缩。如果浮动元素不声明宽度，则其宽度趋向于 0，即压缩到其内容所能承受的最小宽度。

（7）如果盒中没有内容，则即使定义了宽度和高度都为 100%，实际上只占

0%，因此不会被显示，这一点在使用 DIV+CSS 布局的时候需要特别注意。

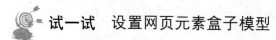　试一试　设置网页元素盒子模型

（1）选择"文件"→"打开"命令，打开"3-3-2.html"页面，将\<div\>\</div\>内"此处填入 DIV 容器内需要显示的内容"文字替换为代码 \<image src="images/1.jpg"\>，具体代码如下，效果如图 3-34 所示。

```
1   <!DOCTYPE html>
2   <html>
3   <head>
4       <meta charset="utf-8">
5       <title>设置网页元素盒模型</title>
6       <link href="style/3-3-2.css" rel="stylesheet" type="text/css">
7   </head>
8   <body>
9       <div id="bg">
10          <div>此处填入 DIV 容器内需要显示的内容</div>
11      </div>
12  </body>
13  </html>
```

```
1   <!DOCTYPE html>
2   <html>
3   <head>
4       <meta charset="utf-8">
5       <title>设置网页元素盒模型</title>
6       <link href="style/3-3-2.css" rel="stylesheet" type="text/css">
7   </head>
8   <body>
9       <div id="bg">
10          <div id = "pic"><image src="images/1.jpg"></div>
11      </div>
12  </body>
13  </html>
```

图 3-34
"3-3-2.html" 页面
效果图（1）

（2）打开"3-3-2.css"，该文件为网页所链接的外部 CSS 样式表，创建名称为#pic 的 CSS 样式，在该 CSS 样式表中添加 margin 外边距属性设置，代码如下所示，设置外边距效果如图 3-35 所示。

```css
1  @charset "utf-8";
2  /* CSS Document */
3  * {
4      margin: 0px;
5      padding: 0px; }
6  body {
7      background-image: url(../images/92501.jpg);
8      background-repeat: repeat; }
9  #bg {
10     width: 100%;
11     height: auto;
12     overflow: hidden;
13     background-image: url(../images/92502.jpg);
14     background-repeat: repeat-x;
15     padding-bottom: 200px; }
16  #pic{
17     width: 851px;
18     height: 342px;
19     background-color: rgba(0,0,0,0.5);
20     margin: 60px auto 0px auto; }
```

框内为需要添加的代码

165

> **技巧**
>
> 在网页中如果希望元素水平居中显示，可以通过 margin 属性设置左侧外
> 边距和右侧外边距均为 auto，则该元素在网页中会自动水平居中显示。

图 3-35
"3-3-2.html" 页面
效果图（2）

（3）返回到外部 CSS 样式表文件，在#pic 的 CSS 样式中添加 border 属性，
代码如下所示，页面中 id 为 pic 的 DIV 设置边框的效果如图 3-36 所示。

```
16  #pic{
17      width: 851px;
18      height: 342px;
19      background-color: rgba(0,0,0,0.5);
20      margin: 60px auto 0px auto;
21      border:solid 12 px #fff;          框内为需要添加的代码
22  }
```

图 3-36
"3-3-2.html" 页面
效果图（3）

border 属性不仅可以设置图片的边框，还可以为其他元素设置边框，如文字、DIV 等。在本示例中，主要介绍的是使用 border 属性为 DIV 元素加边框。

（4）返回到外部 CSS 样式表文件，在#pic 的 CSS 样式表中添加 padding 属性设置，代码如下所示，页面中 id 为 pic 的 DIV 设置的填充效果如图 3-37 所示。

```
16  #pic{
17      width: 811px;          修改属性 width、height 的值
18      height: 302px;
19      background-color: rgba(0,0,0,0.5);
20      margin: 60px auto 0px auto;
21      border:solid 12px #fff;
22      padding:20px          加入设置填充属性
23  }
```

在 CSS 样式代码中，width 和 height 属性分别定义 DIV 的内容区域的宽度和高度，并不包括 margin、border 和 padding，此处在 CSS 样式中调整了 padding 属性，设置 4 条边的内边距均为 20 像素，则需要在高度值上减去 40 像素，在宽度值上同样减去 40 像素，这样才能够保证 DIV 的整体宽度和高度不变。

图 3-37
"3-3-2.html" 页面
效果图（4）

（5）保存页面，并保存外部 CSS 样式表文件，在浏览器中预览页面。

> **提 示**
>
> 　　从盒子模型中可以看出，中间部分 content（内容），它主要用来显示内容，一般也是整个盒子模型的主要部分，其他如 margin、border、padding 所做的操作是对 content 部分的修饰。对于内容部分的操作，也就是对文字、图像等元素的操作。

•3.3.3　CSS 布局常用属性

　　CSS 布局完全不同于传统表格布局，首先将页面在整体上进行<div>标签的分块，即把页面分为若干个盒子，然后对各个盒子进行 CSS 定位，最后再在各个块中添加相应的内容。CSS 布局页面最重要的手段就是利用浮动属性和定位属性设置元素位置。

　　1. 浮动属性

　　（1）float 属性。float 属性可以控制盒子左右浮动，直到边界碰到父元素或另一个元素。float 属性语法格式如下。

```
float:none|left|right;
```

其属性值见表 3-25。

表 3-25　float 属性值

属性值	说明
none	默认值，元素不浮动
left	元素向父元素的左侧浮动
right	元素向父元素的右侧浮动

　　设置了向左或向右浮动的盒子，这个盒子会做相应的浮动。浮动盒子不再占用原本在文档中的位置，其后续元素会自动向前填充，遇到浮动元素边界则停止。下面以实例 3-3-3 来讲解元素的浮动属性，具体代码如下。

```
1  <html>
2  <head>
3  <style type="text/css">
4  img {
5      width: 200px;
6      height: 200px;
```

```
7    }
8    .f1{
9        width: 200px;
10       height: 200px;
11       float: left;
12   }
13   </style>
14   </head>
15   <body>
16       <div class="f1"><img src="images/img0.JPEG"></div>
17       <div class="f1"><img src="images/img1.JPEG"></div>
18       <div><img src="images/img2.JPEG"></div>
19   </body>
20   </html>
```

在浏览器中显示的效果如图 3-38 所示。

图 3-38
"3-3-3.html" 页面
效果图（1）

由效果图可以看到，原本<div>元素应该各占三个水平位置，即三张图片呈纵向排列，由于前面两个<div>设置了向左浮动，实现了后续元素紧跟其后的效果，所以最后三张图片呈水平排列。

（2）clear 属性。浮动设置使用户能够更加自由方便地布局网页，但有时某些盒子可能需要清除浮动设置，这时就需要用到清除浮动属性 clear，其属性值见表 3-26。

表 3-26　clear 属性值

属性值	说明
none	默认值，允许浮动
left	清除左侧浮动

169

续表

属性值	说明
right	清除右侧浮动
both	清除两侧浮动

例如，在实例 3-3-3 代码中，第 3 个<div>并没有设置浮动，但是它受到前一个元素的影响也向左浮动，可以通过清除左侧浮动来使其换行显示，代码如下。

```
1   <html>
2   <head>
3   <style type="text/css">
4   img {
5       width: 200px;
6       height: 200px;
7   }
8   .f1{
9       width: 200px;
10      height: 200px;
11      float: left;
12  }
13  .c{clear:left;}
14  </style>
15  </head>
16  <body>
17      <div class="f1"><img src="images/img0.JPEG"></div>
18      <div class="f1"><img src="images/img1.JPEG"></div>
19      <div class="c"><img src="images/img2.JPEG"></div>
20  </body>
21  </html>
```

加入代码，为最后一个<div>元素清除浮动

在浏览器中显示的效果如图 3-39 所示。

2. 定位属性

浮动布局虽然灵活，却无法对元素的位置进行精确地控制。在 CSS 中，通过定位属性可以实现网页元素的精确定位。

170

图 3-39
"3-3-3.html" 页面效果图（2）

（1）position 属性。position 属性用于定义元素的定位模式，其常用属性值
有 4 个，见表 3-27。

表 3-27　position 属性值

属性值	说明
static	默认值，静态定位
relative	相对定位，相对于原文档流的位置进行定位
absolute	绝对定位，相对于其上一个已经定位的父元素进行定位
fixed	固定定位，相对于浏览器窗口进行定位

从表中可以看出，position 属性决定了定位的方法，即静态定位（static）、
相对定位（relative）、绝对定位（absolute）和固定定位（fixed）。

（2）边偏移属性。position 属性仅仅用于定义元素以哪种方式定位，还不能
确定元素的具体位置。在 CSS 中，通过边偏移属性 top、bottom、left、right 来
精确定位元素的位置，具体见表 3-28。

表 3-28　边偏移属性

边偏移属性	说明
top	顶端偏移量，定义元素相对其父元素上边线的距离
bottom	底部偏移量，定义元素相对其父元素下边线的距离
left	左侧偏移量，定义元素相对其父元素左边线的距离
right	右侧偏移量，定义元素相对其父元素右边线的距离

边偏移属性取值为不同单位的数值或百分比，如以下 CSS 代码所示。

```
#div1{
position:relative;              /*定义相对定位*/
left:60px;                      /*距左边线 60 像素*/
top:20px                        /*距上边线 20 像素*/
}
```

试一试　制作简单导航栏

运用所学知识制作效果如图 3-40 所示的简单导航栏，保存为"3-3-4.html"，参考代码如下所示。背景颜色为"purple"，字体颜色为"white"，超链接为空连接。

图 3-40
页面效果图

```
1   <html>
2   <head>
3   <style type="text/css">
4   ul{
5       float:left;
6       width:100%;
7       padding:0;
8       margin:0;
9       list-style-type:none;
10  }
11  a{
12      float:left;
13      width:7em;
14      text-decoration:none;
15      color:white;
16      background-color:purple;
17      padding:0.2em 0.6em;
18      border-right:1px solid white;
```

```
19 | }
20 | a:hover {background-color:#ff3300}
21 | li {display:inline}
22 | </style>
23 | </head>
24 | <body>
25 |   <ul>
26 |     <li><a href="#">Link one</a></li>
27 |     <li><a href="#">Link two</a></li>
28 |     <li><a href="#">Link three</a></li>
29 |     <li><a href="#">Link four</a></li>
30 |   </ul>
31 | </body>
32 | </html>
```

·实践与体验 布局和美化旅游新闻页面

通过前面的学习，我们已经掌握了盒子模型和 DIV+CSS3 网页布局方式，接下来通过 DIV+CSS3 的方法完成旅游新闻页面的布局，然后对该页面进行适当的美化，进一步实践和体会所学的内容。最终完成的旅游新闻页面的效果图如图 3-41 所示。

图 3-41
旅游新闻页面效果图

1．页面代码

页面代码如下：

```
1   <!DOCTYPE html>
2   <html>
3   <head>
4       <meta charset="utf-8">
5       <title>旅游新闻网页</title>
6       <link rel="stylesheet" type="text/css" href="style.css">
7   </head>
8   <body>
9       <div class="news-box">
10          <!-- 新闻标题 S -->
11          <h1>三亚启动"寻找最美旅游人"活动</h1>
12          <!-- 新闻标题 E -->
13          <!-- 新闻相关信息 S -->
14          <div class="info"><span class="from">来源:<a href="#">中国旅
游新闻网</a></span><a href="#" class="comments_num">跟帖 59 条</a>
<a href="#">手机看新闻</a></div>
15          <!-- 新闻相关信息 E -->
16          <!-- 新闻摘要 S -->
17          <div class="summary">
18              <h2>新闻摘要：</h2>
19              <p>核心提示……提质升级。</p>
20          </div>
21          <!-- 新闻摘要 E -->
22          <!-- 新闻内容 S -->
23          <div class="content">
24              <h2>新闻内容：</h2>
25              <img src="images/sanya.jpg" alt="新闻图片" class="news_
pic">
26              <p><strong>南海网、南海网客户端三亚 3 月 5 日消息</strong>据
了解……旅游风采。</p>
27              <p>主办方表示……重要作用。</p>
```

174

28	<p>省略部分内容，信息来源于网络！<span class="editor"> 本

文来源：<a href="#">南海网</a> 作者：南海网记者 </span></p>

29	</div>
30	<!-- 新闻内容 E -->
31	<!-- 新闻评论 S -->
32	<div class="comments"><a href="#">【已有<em>36</em>位网友发

表了看法，点击查看。】</a></div>

33	<!-- 新闻评论 E -->
34	</div>
35	</body>
36	</html>

2. 定义 CSS 样式

CSS 样式代码如下。

1	.news-box{
2	border:1px #AFACAC solid;
3	padding: 10px 10px 10px 10px;
4	width: 75%;
5	position: absolute;
6	right:12.5%;
7	}
8	/*设置新闻标题的样式高度为 40 像素，宽度为默认值 auto，并添加行高、设置

文字大小*/

9	.news-box h1{
10	float:left; /*不设置宽度的情况下使用浮动，使其自适应宽度*/
11	height:40px;
12	padding:5px 45px 5px 0; /* 添加右边的内补白，增加空白的空间显示

背景图片*/

13	line-height:40px;
14	overflow:hidden; /*行高比高度的属性值要大，设置"overflow:hidden"

使超过的部分隐藏*/

15	font-size:24px;
16	background-image:url(images/ico.png); /*添加背景图，并将其控制

在标题的右边中间的位置*/

17	background-size:40px 40px;

```
18      background-repeat: no-repeat;
19      background-position: right;}
20  /*设置新闻相关信息的样式，添加内边距，使其与内容信息产生间距*/
21  .news-box .info {
22      clear:both;  /*清除标题的浮动，避免新闻信息的内容错位*/
23      height:20px;
24      margin-bottom: 15px;
25      font-size:12px;}
26  h2{font-size:20px;}
27  .summary p{
28      border: 1px dotted;
29      padding: 10px 0px 10px 10px;
30      text-indent: 2em;}
31  /*调整新闻内容区域文字居左显示*/
32  .news-box .content p {
33      margin-bottom:10px;
34      line-height:22px;
35      text-indent: 2em;
36      text-align:left;  }
37  /*设置文字围绕着图片的图文混排效果*/
38  .news-box .content img.news_pic {
39      width: 400px;
40      height: auto;
41      float:left;
42      margin-right:10px; }
43  .news-box .content p {
44      margin-bottom:10px;
45      line-height:22px;
46      text-index:2em;}/*新闻内容区域的每个段落加大行间间距（行高），并
    首行缩进，段落与段落之间存在一点间距*/
47  /*设置新闻评论的边框*/
48  .comments{
49      border-style: dashed none dashed none;
50      border-width: 1px;
```

176

```
51 | padding: 10px 10px 10px 10px;}
52 | background-position: right;}
```

3.4 CSS3 动画效果

在网页中使用动画效果，可以使页面更加生动。在以前，网页中需要动画或特效时，需要使用 flash 或 JavaScript 脚本来实现。CSS3 提供了对动画的强大支持，可以实现元素变形、过渡和帧动画等效果，使得制作网页中的动画更加方便高效。

3.4.1 变形效果

CSS3 通过 transform 属性实现对元素的变形效果，如移动、倾斜、缩放及翻转等。transform 属性的语法格式如下。

```
transform: none | transform-function; /* transform-function 为变形
函数*/
```

其属性值见表 3-29。

表 3-29 transform 属性值

属性值	说明
none	默认值，不变形
matrix()	矩形变换，即基于 X 和 Y 坐标重新定位元素位置
translate()	移动元素对象，即基于 X 和 Y 坐标重新定位元素
scale()	缩放元素对象，可以使任意元素对象的尺寸发生变化
rotate()	旋转元素对象，取值为一个度数值
skew()	倾斜元素对象，取值为一个度数值

下面以实例 3-4-1 来演示 transform 属性的用法和效果，设置<div>块在光标经过时放大为原来的 1.5 倍显示，具体代码如下。

```
1 | <!DOCTYPE html>
2 | <html>
3 | <head>
4 | <meta charset="utf-8">
5 | <title>transform 属性</title>
6 |     <style type="text/css">
```

```
7        div{
8            margin: 30px auto;
9            width: 200px;
10           height: 50px;
11           background: #93fb40;
12           border-radius: 12px;
13           box-shadow: 2px 2px 2px 2px #999;
14       }
15       div:hover{
16           transform: scale(1.5);
17       }
18   </style>
19  </head>
20  <body>
21  <div></div>
22  </body>
23  </html>
```

技巧

box-shadow 属性设置对盒子添加阴影效果，基本语法格式如下。

box-shadow: 水平阴影位置 垂直阴影位置 模糊半径 扩展半径 颜色 阴影类型

其中前 4 个参数为像素值（px），阴影类型可选内阴影/外阴影（默认）。

页面效果如图 3-42 所示。

transform 属性值中的其他函数用法此处不再逐个演示，大家可在“试一试”环节中使用其他函数来对<div>块进行变形，掌握其具体用法。

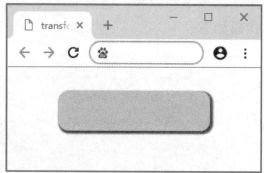
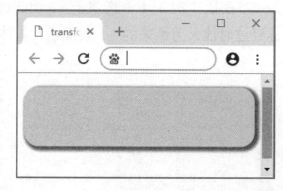

图 3-42
"3-4-1.html" 页
面效果图

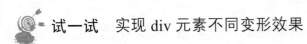

试一试 实现 div 元素不同变形效果

请在网页"3-4-1.html"基础上修改代码，实现 div 元素不同变形效果。要求如下：光标经过第 1 个<div>实现旋转 90°的效果；光标经过第 2 个<div>时实现缩小为原来 75%的效果；光标经过第 3 个<div>时实现向右偏移 4 像素；光标经过第 4 个<div>时实现相对于 *x* 轴倾斜 30°，相对于 *y* 轴倾斜-100°。

•3.4.2 过渡效果

CSS3 中新增 transition 属性来实现过渡效果，该属性是一个复合属性，可以同时定义过渡效果所需要的参数信息。其中包括 4 个参数，对应 4 个子属性，具体见表 3-30。

表 3-30 transition 属性

子属性	属性值	说明
transition-property	none|all|property	指定应用过渡效果的 CSS 属性名称
transition-duration	单位为秒（s）或毫秒（ms）的时间值	定义过渡效果花费的时间，默认值为 0
transition-timing-function	linear|ease|ease in|ease out|ease-in-out|cubic-bezier（n,n,n,n）	设置过渡方式，默认值为 ease
transition-delay	单位为秒（s）或毫秒（ms）的时间值	设置动画过渡的延迟时间，默认值为 0

在使用 transition 属性设置多个过渡效果时，它的各个参数必须按照顺序进行定义，参数之间用空格隔开。例如，设置 4 个过渡属性，可以通过如下代码实现。

```
transition: width 3s ease 1s;
/*过渡效果指定在"width"属性，花费时间 3 s，采用"ease"过渡方式，延迟 1 s*/
```

技巧

要产生过渡效果必须设置两个参数：过渡效果应用的 CSS 属性名称、过渡效果时间，其余两个参数可采用默认值。transition 属性可以同时定义两组或两组以上的过渡效果，每组之间使用逗号进行分割。例如，向宽度、高度的转换添加过渡效果用以下代码。

```
transition: width 3s,height 3s;
```

下面以实例 3-4-2 来演示 transition 属性的用法和效果，实现光标移到<div>块时，宽度和高度产生变化效果，具体代码如下。

```
1   <!DOCTYPE html>
2   <html>
3   <head>
4       <style>
5       div{
6           width:150px;
7           height:150px;
8           background:yellow;
9           transition:width 2s,height 2s;
10      }
11      div:hover{
12          width:200px;
13          height:200px
14      }
15      </style>
16  </head>
17  <body>
18  <div>请把光标放到黄色的 div 元素上，来查看过渡效果。</div>
19  </body>
20  </html>
```

> 过渡效果应用于宽度和高度属性，过渡时间均为 2 s，其他属性省略，采用默认值

页面效果如图 3-43 所示。

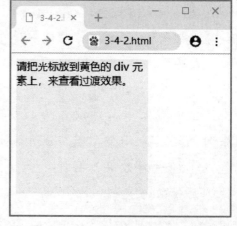

图 3-43
"3-4-2.html" 页面
效果图

180

试一试 实现正方形逐渐过渡变为正圆形效果

请为网页"3-4-3.html"添加 CSS 代码,利用 transition 属性实现过渡效果,将光标移到一个宽度和高度均为 200 像素,背景颜色为黄色,边框为实线、红色、5 像素宽的<div>块上,该正方形逐渐变为正圆形,过渡时间为 5 s,采用过渡效果为"ease-in-out",不延迟。

"3-4-3.html"初始代码如下。

```
1   <!DOCTYPE html>
2   <html>
3   <head>
4       <style type="text/css">     定义<div>块初始状态
5       div{
6           width:200px;
7           height:200px;
8           background:green;
9           border: 5px solid red;
10          border-radius: 0px;
11      }
12      </style>
13  </head>
14  <body>
15      <div>请把光标放到绿色的 div 元素上 5s 不动</div>
16  </body>
17  </html>
```

在第 11 行代码后加入光标移到<div>块上的过渡动画效果,代码如下。

```
1   div:hover{
2       border-radius: 105px;     /*设置圆角边框属性成为正圆形*/
3       transition:border-radius 5s ease-in-out;   /*设置过渡效果*/
4   }
```

最后在浏览器中打开查看效果。你还可以更改不同背景颜色、圆角边框或过渡属性参数等制作不同的过渡动画效果。

181

3.4.3　帧动画效果

CSS3 除了支持变形、过渡效果外，还可以实现强大的帧动画效果。在 CSS3 中，使用 animation 属性定义帧动画。

> animation 属性与 transition 属性相同，都是通过改变元素的属性值来实现动画效果。它们的区别在于：使用 transition 属性通过指定属性的开始值与结束值，动画效果是在这两个属性值之间平滑过渡，因此不能实现比较复杂的动画效果；而 animation 属性则通过定义多个关键帧及每个关键帧中元素的属性值来实现更为复杂的动画效果。

1. 设置关键帧

CSS3 使用@keyframes 定义关键帧。基本语法格式如下。

```
@keyframes animation-name{
    keyframes-selector{
        css-style;
    }
}
```

其中参数说明见表 3-31。

表 3-31　@keyframes 参数说明

参　　数	说明
animation-name	定义动画的名称
keyframes-selector	定义关键帧的时间位置，即动画时长的百分比，有效值包括 0～100%、from（等同于 0%）、to（等同于 100%）
css-style	表示一个或多个 CSS 样式属性

动画是使元素从一种样式逐渐转换为另一种样式的效果，可以改变任意多的样式任意多的次数。用百分比来规定变化发生的时间，或用关键词 from 和 to，等同于 0%和 100%。0%是动画的开始，100%是动画的完成。为了得到最佳的浏览器支持，应该始终定义 0%和 100%。下面通过实例 3-4-4 来演示如何使用 animation 属性和@keyframes 规则来实现<div>块背景颜色不断变化的帧动画，具体代码如下。

```
1    <!DOCTYPE html>
2    <html>
3    <head>
4    <style type="text/css">
5    div{
6        width:200px;
7        height:200px;
8        background:red;
9        animation:myfirst 5s;
10   }
11   @keyframes myfirst{
12       0%    {background:red;}
13       25%   {background:yellow;}
14       50%   {background:blue;}
15       100% {background:green;}
16   }
```

> 定义动画名称为"myfirst"，动画时长为 5 s

> 设计动画名称为"myfrist"的关键帧：从动画开始 0%到动画结束 100%，经历 4 帧，每一帧改变一种背景颜色

页面效果如图 3-44 所示。

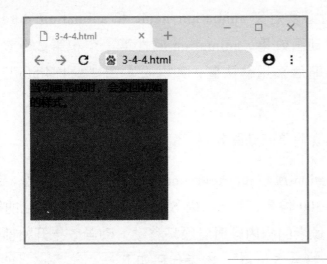

图 3-44
"3-4-4.html" 页面
效果图

2. 设置动画参数

通过网页实例"3-4-4.html"中代码第 9 行可以看出，animation 属性与 transition 属性一样，是一个复合属性，具有多个参数，每个参数对应一个子属性。animation 属性包括 8 个参数，对应 8 个子属性，具体见表 3-32。

表 3-32　animation 属性

子属性	属性值	说明
animation-name	none|keyframesname	定义@keyframes 动画的名称
animation-duration	单位为秒（s）或毫秒（ms）的时间值	定义完成动画效果需要的时间，默认值为 0
animation-timing-function	linear|ease|ease in|ease out|ease-in-out|cubic-bezier（n,n,n,n）	设置执行动画的效果类型，默认值为 ease
animation-delay	单位为秒（s）或毫秒（ms）的时间值	设置执行动画效果之前的延迟时间，默认值为 0
animation-iteration-count	number（具体次数）|infinite（循环播放）	定义动画播放的次数，默认值为 1
animation-direction	normal（正常播放）|alternate(奇数次正常播放,偶数次逆向播放)	定义当前动画播放的方向，即动画播放完成后是否逆向交替循环，默认值为 normal
animation-play-state	paused（暂停）|running（播放）	定义播放状态，默认值为 running
animation-fill-mode	none（不设状态）|forward（结束时的状态）|backward（开始时的状态）|both（动画结束或开始时的状态）	定义播放外状态

animation 子属性众多较为复杂，使用简写属性就方便许多。使用 animation 属性时必须定义 animation-name 和 animation-duration 属性，也就是说如果要实现动画效果，animation 属性第 1 个和第 2 个参数必须要指定，其余参数均可省略后采用默认值，如网页实例"3-4-4.html"中第 9 行代码所示。

试一试　实现简单帧动画效果

请运用 animation 属性和@keyframes 规则来实现帧动画，要求如下：<div>块的宽和高均为 200 像素，在 5 s 内 5 种背景颜色不断变化的同时在浏览器上下左右均为 400 像素的框内顺时针循环移动，动画效果开始前延时 2 s 播放。最终保存为网页"3-4-5.html"。参考代码如下。

```
1  <!DOCTYPE html>
2  <html>
3  <head>
4  <style type="text/css">
```

```
5   div {
6       width:200px;
7       height:200px;
8       background:red;
9       position:relative;
10      animation-name:dh;
11      animation-duration:5s;
12      animation-timing-function:linear;
13      animation-delay:2s;
14      animation-iteration-count:infinite;
15      animation-direction:alternate;
16      animation-play-state:running;
17  }
18  @keyframes dh
19  {
20      0%   {background:red; left:0px; top:0px;}
21      25%  {background:yellow; left:200px; top:0px;}
22      50%  {background:blue; left:200px; top:200px;}
23      75%  {background:green; left:0px; top:200px;}
24      100% {background:red; left:0px; top:0px;}
25  }
26  </style>
27  </head>
28  <body>
29  <div></div>
30  </body>
31  </html>
```

页面效果如图 3-45 所示。

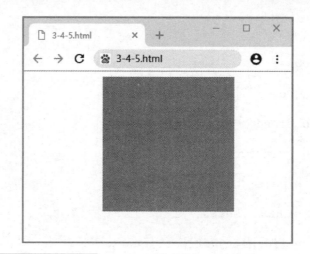

图 3-45
"3-4-5.html" 页面
效果图

实践与体验　为旅游景点导览页面添加动画效果

通过前面的学习，我们已经掌握了通过 CSS3 来实现网页动画的方法，通过完成下面任务，为旅游景点导览页面添加动画效果，进一步实践和体会所学的内容。最终完成的旅游景点导览页面的效果图如图 3-46 所示。

图 3-46
旅游景点导览页面
效果图

1.　页面代码

页面代码如下。

```
1   <!DOCTYPE html>
2   <html>
3   <head>
4       <meta charset="utf-8">
5       <title>旅游景点导览</title>
6       <link rel="stylesheet" href="style.css">
```

```
7    </head>
8    <body>
9        <section>
10           <ul class="slider">
11               <li class="l1"><a href="#bg1">雷峰塔</a></li>
12               <li class="l2"><a href="#bg2">灵隐寺</a></li>
13               <li class="l3"><a href="#bg3">京杭运河</a></li>
14               <li class="l4"><a href="#bg4">西溪洪园</a></li>
15               <li class="l5"><a href="#bg5">钱塘江</a></li>
16           </ul>
17           <img src="images/bg1.jpg" alt="雷峰塔" class="slideLeft" id=
     "bg1" />
18           <img src="images/bg2.jpg"alt=" 灵 隐 寺 "class="slideBottom"
     id="bg2"/>
19           <img src="images/bg3.jpg" alt="京杭运河"class="zoomIn" id="bg3"/>
20           <img src="images/bg4.jpg" alt="西溪洪园" class="zoomOut" id="bg4"/>
21           <img src="images/bg5.jpg" alt="钱塘江" class="rotate" id="bg5"/>
22       </section>
23   </body>
24   </html>
```

2. 定义 CSS 样式

CSS 样式代码如下。

```
1    @charset "utf-8";
2    /* CSS Document */
3    /*重置浏览器的默认样式*/
4    body, ul, li, p, h1, h2, h3,img {margin:0; padding:0; border:0;
     list-style:none;}
5    /*全局控制*/
6    body{font-family:'微软雅黑';}
7    a:link,a:visited{text-decoration:none;}
8    /*控制背景图片的样式*/
```

```
9    img {
10       width: 100%;
11       height: auto;
12       min-width: 1024px;
13       position: fixed;   /*固定定位*/
14       z-index:1;   /*设置 z-index 层叠等级为 1;*/
15   }
16   /*整体控制景点图标的大盒子*/
17   .slider {
18       position: absolute;
19       bottom: 100px;
20       width: 100%;
21       text-align: center;
22       z-index:9999;     /*设置 z-index 层叠等级为 9999;*/
23   }
24   /*整体控制每个景点图标的样式*/
25   .slider li {
26       display: inline-block;     /*将块元素转换为行内块元素*/
27       width: 170px;
28       height: 130px;
29       margin-right: 15px;
30       padding-bottom:20px;
31       border:2px solid #fff;
32       border-radius:5px;
33       position:relative;     /*相对定位*/
34       cursor:pointer;          /* 光标呈现为指示链接的手形指针*/
35   }
36   /*绘制每个景点图标的圆角矩形模块*/
37   .slider a {
38       width: 170px;
39       font-size:22px;
```

```
40        color:#fff;
41        display:inline-block;
42        padding-top:70px;
43        padding-bottom:20px;
44        border:2px solid #fff;
45        border-radius:5px;
46        position:relative;      /*相对定位*/
47        cursor:pointer;      /* 光标呈现为指示链接的手形指针*/
48   }
49   /*控制每个景点图标圆角矩形的背景色*/
50   .l1 a{background:url(images/bg1.jpg) no-repeat center;}
51   .l2 a{background:url(images/bg2.jpg) no-repeat center;}
52   .l3 a{background:url(images/bg3.jpg) no-repeat center;}
53   .l4 a{background:url(images/bg4.jpg) no-repeat center;}
54   .l5 a{background:url(images/bg5.jpg) no-repeat center;}
55   /*控制第 1 个背景图切换的动画效果*/
56   @-webkit-keyframes 'slideLeft' {
57        0% { left: -500px; }
58        100% { left: 0; }}
59   .slideLeft:target {
60        z-index: 100;
61        animation: slideLeft 1s 1;}
62   /*控制第 2 个背景图切换的动画效果*/
63   @-webkit-keyframes 'slideBottom' {
64        0% { top: 350px; }
65        100% { top: 0; }}
66   /*当单击链接时，为所链接到的内容指定样式*/
67   .slideBottom:target {
68        z-index: 100;      /*设置 z-index 层叠等级 100;*/
69        animation: slideBottom 1s 1;   }/*定义动画播放时间和次数*/
70   /*控制第 3 个背景图切换的动画效果*/
```

```
71   @-webkit-keyframes 'zoomIn' {
72       0% { -webkit-transform: scale(0.1); }
73       100% { -webkit-transform: none; }}
74   /*当单击链接时，为所链接到的内容指定样式*/
75   .zoomIn:target {
76       z-index: 100;        /*设置 z-index 层叠等级为100;*/
77       animation: zoomIn 1s 1;}
78   /*控制第 4 个背景图切换的动画效果*/
79   @-webkit-keyframes 'zoomOut' {
80       0% { -webkit-transform: scale(2); }
81       100% { -webkit-transform: none; }}
82   /*当单击链接时，为所链接到的内容指定样式*/
83   .zoomOut:target {
84       z-index: 100;        /*设置 z-index 层叠等级 100;*/
85       animation: zoomOut 1s 1;}
86   /*控制第 5 个背景图切换的动画效果*/
87   @-webkit-keyframes 'rotate' {
88       0% { -webkit-transform: rotate(-360deg) scale(0.1); }
89       100% { -webkit-transform: none; }}
90   /*当单击链接时，为所链接到的内容指定样式*/
91   .rotate:target {
92       z-index: 100;        /*设置 z-index 层叠等级为100;*/
93       animation: rotate 1s 1;}
94       @-webkit-keyframes 'notTarget' {
95       0% { z-index: 75; }
96       100% { z-index: 75; } }
```

3.5　CSS3 综合应用

本节通过设计和制作旅游景点页面，将本单元所学知识技能做一次综合应用，完成后页面效果如图 3-47 所示。

（1）规划与设计旅游景点页面的布局结构。旅游景点页面内容分布示意图

190

如图 3-48 所示。

图 3-47
旅游景点页面整体效果图

topmenu
banner
contentl
content2
footer

图 3-48
旅游景点页面内容分布示意图

（2）创建所需的文件夹。在站点"web"文件夹中创建"index.html"，创建
子文件夹"css"和"image"，将所需的图片素材文件复制到"image"文件夹中。
（3）旅游景点页面"index.html"布局结构对应的 HTML 代码如下。

```
1   <!DOCTYPE html>
2   <html>
3   <head>
4       <title>旅游网</title>
5       <link rel="stylesheet" type="text/css" href="css/css.css">
6   </head>
7   <body>
8       <div id="topmenu"></div>
9       <div id="banner"></div>
10      <div id="content1"></div>
11      <div id="content2"></div>
12      <div id="footer"></div>
13  </body>
14  </html>
```

旅游景点页面 CSS 样式初始化代码如下。

```
1   body{
2       padding:0px;
3       margin:0px;
4       background-color: #f4f4f4;
5   }
6   a:link{
7       color:black;
8       text-decoration:none;
9   }
10  a:visited{
11      color:black;
12      text-decoration:none;
13  }
14  a:hover{
15      color:red;
16      text-decoration:none;
17  }
```

```
18  a:active{
19      color:red;
20      text-decoration:none;
21  }
22  .left{    //浮动样式
23      float:left;
24  }
25  .clear{    //清除浮动样式
26      clear:both;
27  }
```

（4）编写旅游景点页面导航栏，页面中 topmenu 分布示意图如图 3-49 所示。

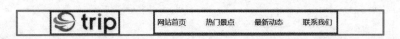

图 3-49
菜单栏布局效果图

topmenu 的 HTML 代码如下。

```
1   <div id="topmenu">
2       <div class="toppic">
3           <div class="left">
4               <img src="images/logo.jpg">
5           </div>
6           <div class="left">
7               <ul>
8                   <li><a href="#">网站首页</a></li>
9                   <li><a href="#">热门景点</a></li>
10                  <li><a href="#">最新动态</a></li>
11                  <li><a href="#">联系我们</a></li>
12              </ul>
13          </div>
14      </div>
15  </div>
```

在 topmenu 中插入了一个 toppic，用来固定总体的宽度和菜单栏内容的位置。toppic 分为两部分，第 1 个<div>用来放 logo 图片，第 2 个<div>用来放菜单栏内容。

topmenu 对应的 CSS 样式代码如下。

```
1   #topmenu{
2       background-color:white;
3       height:70px;
4       position:fixed;
5       left:0px;
6       top:0px;
7       border-bottom: 1px solid #f1f1f1;
8   }
9   #topmenu .toppic{
10      width:1000px;
11      margin:0 auto;
12  }
13  #topmenu ul{
14      font-family: Helvetica, Tahoma, Arial, "Hiragino Sans GB",
    "Hiragino Sans GB W3", "Microsoft YaHei", STXihei, STHeiti, Heiti,
    SimSun, sans-serif;
15      font-size:20px;
16      margin-left:50px;
17  }
18  #topmenu ul li{
19      display:inline;
20      margin-right:50px;
21  }
```

下面逐一进行解释。对 topmenu 整体进行设置，将其设置为固定定位、白色背景、高 70 像素，底部添加一条 1 像素的直线，颜色为#f1f1f1。

```
1   #topmenu{
2       background-color:white;
3       height:70px;
4       position:fixed;
```

194

```
5    left:0px;
6    top:0px;
7    border-bottom: 1px solid #f1f1f1;
8  }
```

在 topmenu 中嵌套了一个 toppic，将其宽设置为 1000 像素，并水平居中对齐，限制菜单栏内容的位置。

```
1  #topmenu .toppic{
2      width:1000px;
3      margin:0 auto;
4  }
```

设置菜单栏 ul 的字体、字号，与左边 logo 的距离为 50 像素。

```
1  #topmenu ul{
2      font-family: Helvetica, Tahoma, Arial, "Hiragino Sans GB",
"Hiragino Sans GB W3", "Microsoft YaHei", STXihei, STHeiti, Heiti,
SimSun, sans-serif;
3      font-size:20px;
4      margin-left:50px;
5  }
6  #topmenu ul li{
7      display:inline;    //为横向菜单项
8      margin-right:50px;}    //每个菜单项距离 50 像素
```

（5）编写旅游景点页面 banner 部分。banner 的 HTML 代码如下。

```
1  <div id="banner">
2      <img src="images/banner.jpg">
3  </div>
```

banner 对应的 CSS 样式代码如下。

```
1  #banner{
2      width:1000px;
3      margin:0 auto;
4      margin-top: 70px;    //菜单栏高度为 70 像素，为了不挡住 banner，向
下移动 70 像素
```

5	}

（6）编写旅游景点页面 content1 部分，页面中 content1 分布示意图如图 3-50 所示。

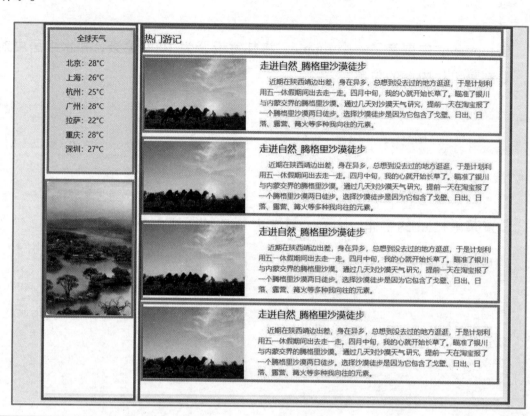

图 3-50
conten1 布局
效果图

content1 分布的 HTML 代码如下：

```
1    <div id="content1">
2      <div class="leftdiv">
3          <div id="weather"></div>
4          <div class="picdiv"></div>
5      </div>
6      <div class="rightdiv">
7          <div class="rightdiv_title">热门游记</div>
8          <div class="item"></div>
9          <div class="item"></div>
10         <div class="item"></div>
11         <div class="item"></div>
12     </div>
13     <div class="clear"></div>        //使 content1 不受浮动元素影响
```

196

```
14   </div>
```

content1 分布的 CSS 代码如下。

```
1    #content1{
2        width:1000px;
3        margin:0 auto;
4        background-color: white;
5    }
6    #content1 .leftdiv{
7        height:700px;
8        float:left;
9        padding:10px;
10   }
11   #content1 .rightdiv{
12       width: 765px;
13       float:left;
14       padding:10px;
15   }
```

content1 元素分为左右两部分。左边部分由两个<div>组成，一个是天气情况，另一个是一张图片。下面是左边部分的 HTML 代码。

```
1    <div class="leftdiv">
2        <div id="weather">
3            <div class="title">全球天气</div>
4            <div>
5              <ul>
6                <li>北京: 28℃</li>
7                <li>上海: 26℃</li>
8                <li>杭州: 25℃</li>
9                <li>广州: 28℃</li>
10               <li>拉萨: 22℃</li>
11               <li>重庆: 28℃</li>
12               <li>深圳: 27℃</li>
13             </ul>
```

```
14          </div>
15        </div>
16    </div>
```

左边部分对应的 CSS 样式代码如下。

```
1    #content1 .leftdiv #weather{
2        width: 190px;
3        height:300px;
4        background-color:#eaeaea;
5        border-radius: 10px;    //边角弧度
6        border:1px solid #ccc;
7    }
8    #content1 .leftdiv #weather .title{
9        border-bottom:1px solid #ccc;
10       text-align: center;
11       line-height: 40px;
12       height: 40px;
13       text-align: center;
14    }
15    #content1 .leftdiv #weather ul{
16       list-style: none;
17       line-height: 30px;
18    }
19    #content1 .leftdiv .picdiv{
20       background-image: url(../images/pic1.jpg);
21       margin-top: 20px;
22       border-radius: 10px;
23       height: 280px;
24       width: 190px;
25    }
```

下面是 content1 右边部分的 HTML 代码。

```
1    <div class="rightdiv">
2        <div class="rightdiv_title">热门游记</div>
```

```
3        <div class="item"></div>     //这个 div 复制了 4 遍
4            <div class="left">
5                <a href="#"><img src="images/item1.jpeg"></a>
6            </div>
7            <div class="left item_content">
8                <div class="item_title"><a href="#">走进自然_腾格里沙漠
徒步</a></div>
9                <div class="item_text">近期在陕西靖边出差，身在异乡，总想
到没去过的地方逛逛，于是计划利用五一休假期间出去走一走。四月中旬，我的
心就开始长草了。瞄准了银川与内蒙古交界的腾格里沙漠。通过几天对沙漠天气
研究，提前一天在淘宝报了一个腾格里沙漠两日徒步。选择沙漠徒步是因为它包
含了戈壁、日出、日落、露营、篝火等多种我向往的元素。</div>
10            </div>
11            <div class="clear"></div>
12        </div>
13 </div>
```

右边部分对应的 CSS 样式代码如下。

```
1   #content1 .rightdiv .rightdiv_title{        //热门游记标题
2       border-bottom: 1px solid #ccc;
3       margin-bottom: 20px;
4       line-height: 40px;
5       font-size: 20px;
6   }
7   #content1 .rightdiv .item{        //列表项
8       margin-bottom: 20px;
9   }
10  #content1 .rightdiv .item .item_content{          //列表项的右半部分
11      width: 500px;
12      padding-left: 30px;
13  }
14  #content1.rightdiv .item .item_content.item_title{    //右半部分的标题
15      font-size: 20px;
16      padding-bottom:10px;
```

```
17   }
18   #content1.rightdiv.item.item_content.item_text{    //右半部分的正文
19       text-indent: 20px;
20       color: #666;
21       font-size: 15px;
22       line-height: 1.5em;
23   }
```

（7）编写旅游景点页面 content2 部分，页面中 content2 分布示意图如图 3-51 所示。

图 3-51
content2 布局效果图

content2 部分对应的 HTML 代码如下。

```
1    <div id="content2">
2        <div class="title">旅游推荐</div>
3        <div class="body">
4            <div class="pic_1 left">
5                <a href="#"><img src="images/xm.jpeg" width="310px"></a>
6            </div>
7            <div class="pic_1 left">
8                <a href="#"><img src="images/mg.jpeg" width="310px"></a>
9            </div>
10           <div class="pic_1 left">
11               <a href="#"><img src="images/qd.jpeg" width="310px"></a>
12           </div>
13           <div class="pic_1 left">
```

200

```
14          <a href="#"><img src="images/zzj.png" width="230px"></a>
15      </div>
16      <div class="pic_1 left">
17          <a href="#"><img src="images/ls.png" width="230px"></a>
18      </div>
19      <div class="pic_1 left">
20          <a href="#"><img src="images/jzg.png" width="230px"></a>
21      </div>
22      <div class="pic_1 left">
23          <a href="#"><img src="images/more.jpeg"width="230px"></a>
24      </div>
25      <div class="clear"></div>
26    </div>
27 </div>
```

　　content2 主要分成了上下两个部分。上部分为一个标题，下部分是由 7 张图片通过浮动定位排版得到的。content2 相对于 content1 来说容易一些。content2 对应的 CSS 样式表代码如下。

```
1  #content2{
2      margin:0 auto;
3      width: 960px;
4      padding: 0 20px 30px;
5      margin-top: 30px;
6      background-color: white;
7  }
8  #content2 .title{
9      border-bottom: 1px solid #ccc;
10     line-height: 70px;
11     height: 70px;
12     font-size: 22px;
13     font-weight: bold;
14     margin-bottom: 20px;
15 }
16 #content2 .body .pic_1{
```

```
17        margin-right: 10px;
18        margin-bottom: 10px;
19   }
```

（8）编写旅游景点页面 footer 部分，页面中 footer 分布示意图如图 3-52 所示。

图 3-52
footer 布局效果图

footer 部分对应的 HTML 代码如下。

```
1    <div id="footer">
2        <div class="content">
3            <div class="col left">
4                <p>预订常见问题</p>
5                <a href="#">纯玩是什么意思？</a><br>
6                <a href="#">单房差是什么？</a><br>
7                <a href="#">双飞、双卧都是什么意思？</a><br>
8                <a href="#">满意度是怎么计算的？</a><br>
9            </div>
10           <div class="col left">
11               <p>付款和发票</a></p>
12               <a href="#">签约可以刷卡吗？</a><br>
13               <a href="#">付款方式有哪些？</a><br>
14               <a href="#">怎么网上支付？</a><br>
15               <a href="#">如何获取发票？</a><br>
16           </div>
17           <div class="col left">
18               <p>签署旅游合同</p>
19               <a href="#">有旅游合同范本下载吗？</a><br>
20               <a href="#">门市地址在哪里？</a><br>
21               <a href="#">能传真签合同吗？</a><br>
22               <a href="#">可以不签合同吗？</a><br>
```

```
23        </div>
24        <div class="col left">
25            <p>旅游预订优惠政策</p>
26            <a href="#">什么是抵用券？</a><br>
27            <a href="#">抵用券使用帮助</a><br>
28            <a href="#">什么是旅游券？</a><br>
29            <a href="#">如何获得旅游券？</a><br>
30        </div>
31        <div class="col left">
32            <p>其他事项</p>
33            <a href="#">签证相关问题解答</a><br>
34            <a href="#">旅游保险问题解答</a><br>
35            <a href="#">退款问题解答</a><br>
36            <a href="#">旅途中的问题</a><br>
37        </div>
38        <div class="clear"></div>
39    </div>
40 </div>
```

footer 部分对应的 CSS 样式代码如下。

```
1  #footer{          //页脚部分整体
2     height:200px;
3     background-color:#9cf;
4     padding-top: 20px;
5     border-top: 1px solid #ccc;
6  }
7  #footer .content{    //固定了页脚文字的位置
8     width: 1000px;
9     margin:0 auto;
10 }
11 #footer .content .col{    //每一组文字的宽度
12    width: 200px;
13 }
14 #footer .content .col p{    //文字标题
```

```
15    font-weight: bold;
16    margin-bottom: 20px;
17 }
```

（9）最终在浏览器中浏览网页"index.html"，完成旅游景点页面的制作。

◐思考与训练

一、选择题

1. 能够设置左侧外边距的是（　　　）。

　　A. margin　　　　B. padding　　　　　　C. margin-left　　　D. padding-left

2. 如果需要设置上、右、下、左 4 个方向的内边距值分别为 10 px、20 px、30 px、40 px，CSS 样式应该设置为（　　　）。

　　A. margin:10 px 20 px 30 px 40 px;　　　B. padding: 10 px 20 px 30 px 40 px;

　　C. padding:10 px 20 px;　　　　　　　　D. margin: 10 px 30 px 40 px 20 px;

3. 下面不属于 CSS 盒子模型相关属性的是（　　　）。

　　A. margin　　　　B. padding　　　　　　C. border　　　　　D. font

4. 设置网页元素为绝对定位，下列写法正确的是（　　　）。

　　A. position: absolute;　　　　　　　　B. position: fixed;

　　C. position: relative;　　　　　　　　D. position: static;

二、判断题

1. 如果需要实现 DIV 的高度为 100%，则首先需要设置 html 和 body 的高度为 100%，只有这样才能实现 DIV 高度的自适应。　　　　　　　　　　　　　　　（　　　）

2. 在 CSS 样式中只能使用 position 属性设置网页元素的定位方式。　　　（　　　）

三、简答题

1. padding 属性与 margin 属性的区别是什么？

2. 简述相对定位与绝对定位的区别。

第4单元　JavaScript 增强网页交互

　　JavaScript 是一种直译式脚本语言，常用来为网页添加各式各样的动态功能，为用户提供更流畅美观的浏览效果，已经被广泛用于 Web 应用开发。通常 JavaScript 脚本是通过嵌入在 HTML 中来实现自身功能的。JavaScript 具有跨平台特性，在绝大多数浏览器的支持下，可以在多种平台下运行，如 Windows、Linux、Mac、Android、iOS 等。JavaScript 脚本语言同其他语言一样，有它自身的基本数据类型、运算符、表达式及程序的基本程序框架，掌握这些有一定的难度，需要读者多花时间练习。

　　本单元主要介绍 JavaScript 脚本语言语法、用 JavaScript 控制 HTML 标签元素和属性、用 JavaScript 控制 CSS 样式并作出事件反应。通过本单元学习，将了解 JavaScript 程序设计，学会用 JavaScript 控制 HTML5 和 CSS3 技术，从而给网页添加动态效果。

4.1　JavaScript 程序语言基础

JavaScript 是一种属于网络的高级脚本语言，已经被广泛用于 Web 应用开发，常用来为网页添加各式各样的动态功能，为用户提供更流畅美观的浏览效果。通常 JavaScript 脚本是通过嵌入 HTML 中来实现自身的功能。

4.1.1　JavaScript 的引用

浏览器是从代码的第一行开始读取代码的，所以 JavaScript 代码放置位置不同会导致浏览器读取或显示 JavaScript 代码效果的不同。JavaScript 代码在 HTML 页面中的位置和 CSS 有些类似，有以下三种引用方式。

（1）在 HTML 页面头文档<head>中使用<script>标签，如<script src="scripts/main.js">，该行代码意思是通过<script>标签调用外部的路径，即在 "scripts" 文件夹下的 "main.js" 文件，这种引用方式可以使 HTML 文档简洁。

（2）在 HTML 页面头文档<head>中直接写 script 代码，如<script language="javascript" type="text/jscript">。

（3）将<script language="javascript" type="text/jscript">代码放置在<body>标签里，浏览器读取代码顺序是先读取 HTML 标签和 CSS 样式表，然后再读取 JavaScript 代码，这种方式和上述两种方式有很大区别。

在实际开发过程中都是采用三种 JavaScript 引用方式相互结合的，不同方式实现的效果不一样。

4.1.2　JavaScript 的书写注意事项

在 JavaScript 语言中，一切变量、函数名和运算符等都区分大小写。例如，变量名 test 和 Test 是表达两个不同变量，其意义和功能都是不一样的。同样函数名 myFunction 和 MyFunction 也是表达两个不同函数，其意义和功能都是不一样的。

JavaScript 中每个语句以 ";" 结束，虽然这并不是 JavaScript 强制要求的，浏览器中负责执行 JavaScript 代码的引擎会自动在每个语句的结尾补上，但是自动添加 ";" 可能会改变编程意义，在实际操作中最好自己添加 ";"。

4.1.3　JavaScript 的数据类型

在 JavaScript 中有以下几种基本数据类型：string、number、boolean、array、object、undefined、NaN，见表 4-1。

表 4-1　基本数据类型

数据类型	解释	示例
string	字符串（一串文本），字符串的值必须用引号（单双均可，必须成对）引起来	var myVariable = '李雷';
number	数字，无须加引号	var myVariable = 10;
boolean	布尔值（真/假），true/false 是 JavaScript 里的特殊关键字，无须加引号	var myVariable = true;
array	数组，用于在单一引用中存储多个值的结构	var myVariable = [1, '李雷', '韩梅梅', 10]; 元素引用方法：myVariable[0], myVariable[1] ……
object	对象，可存储在变量里	var myVariable = document.query Selector('h1');
undefined	在使用 var 声明变量但未对其加以初始化时，这个变量值就是 undefined	var book; Alert(book);　//浏览器会报错
NaN	非数值，任何涉及 NaN 的操作都会返回 NaN；NaN 与任何值都不相等，包括 NaN 本身	alert(NaN == NaN);　//false alert(0/0);　//NaN

1. 数值转换

在实际编程过程中，我们经常需要将非数值型转换成数值型。在 JavaScript 中有 3 个函数可以把非数值型转换成数值型。分别是 Number( )、parseInt( )、parseFloat( )。Number( )函数可以将任何数据类型转换成数值型，而后两个函数则专门用于把字符串转换成数值型。这 3 个函数对于同样的输入会返回不同的结果。

（1）Number()函数的转换规则如下。

- Number（Boolean 值），true 和 false 将分别被转换为 1 和 0。
- Number（数字值），只是简单的传入和返回。
- Number（null 值），返回 0。
- Number（undefined），将返回 NaN。

```
var num1 = Number("你好！");        //返回值 NaN
var num2 = Number("");             //返回值 0
var num3 = Number("000280");       //返回值 280
```

（2）parseInt( )函数转换规则如下。

parseInt（string,radix），string 表示一个要解析的字符串，radix 表示采用的整数进制类型，如采用二进制解析则 radix 值取 2。

```
var num1 = parseInt("10", 2);       //返回值 2（按二进制解析）
var num2 = parseInt("10", 8);       //返回值 8（按八进制解析）
var num3 = parseInt("10", 10);      //返回值 10（按十进制解析）
var num4 = parseInt("10", 16);      //返回值 16（按十六进制解析）
```

（3）parseFloat( )函数转换规则如下。

parseFloat(string)，string 表示一个要解析的字符串，该函数从字符串中的首个字符开始判断该字符是否是数字，如果是，则对字符串进行解析，直到到达数字的末端为止，并返回该数值；如果首个字符不是数字，则返回空。

```
var num1 = parseFloat("1234blue");        //返回值 1234（整数）

var num2 = parseFloat("0xA");             //返回值 0

var num3 = parseFloat("22.5");            //返回值 22.5

var num8 = parseFloat("He was 40")        //返回值 NaN
```

2. 字符串 String 类型

（1）字符串长度。由于网页在设计代码过程中需要考虑到排版，必然会用到换行、空格、回车等排版字符，如果要计算一段字符的长度，这些排版字符也要计算进去，排版字符见表 4-2。

表 4-2　排 版 字 符

字符	含义
\n	换行
\t	制表
\b	空格
\r	回车
\\	斜杠
\'	单引号（'）
\"	双引号（"）

我们可以用以下代码来验证。

```
var text = "I said:'Hello!' \n";
alert(text.length);
```

上述代码中变量 text 有 17 个字符，分别是：10 个字母，2 个空格，2 个单引号（'），1 个冒号（:），1 个感叹号（!），1 个换行符（\n）。读者可以将代码复制到编写器中试一下。

字符串可以通过相加运算，使两段字符串相加成一个长字符串。

```
var lang = "Java";
lang = lang + "Script";
```

（2）字符串转换。

字符串转换主要用 toString( )方法，如要将一个数字转换成字符串，可以通过 var NumAsString = Num.toString( )来实现，该方法可以将数值 Num 转换成字符串赋值给 NumAsString，该方法也可以用于布尔型转字符型。如：

```
var Num = 3209242000001011111
var NumAsString = Num.toString();    //返回字符串"3209242000001011111"
var found = true;
var foundAsString = found.toString();        //返回字符串"true"
```

默认情况下，toString( )方法以十进制格式返回数值的字符串表示。但通过传递参数，toString( )可以输出以二进制、八进制、十六进制等其他进制格式表示的字符串值。如：

```
var num = 11;
alert(num.toString());        //返回"11"
alert(num.toString(2));        //返回"1011"
alert(num.toString(8));        //返回"13"
alert(num.toString(10));        //返回"11"
```

4.1.4 运算符

1. 简单运算符

运算符是一类数学符号，可以根据两个值（或变量）产生结果。表 4-3 中介绍了一些简单的运算符，可以在浏览器控制台里尝试后面的示例。

表 4-3 简单运算符

简单运算符	符号	解释	示例
加	+	将两个数字相加，或拼接两个字符串	8 + 16; "Hello " + "world!"
减、乘、除	-, *, /	这些运算符操作与算术运算一致	11 − 5; 9 * 2; 24/4;
赋值运算符	=	为变量赋值	var myVariable = '李雷';
等于	=== 或==	测试两个值是否相等，并返回一个 true/false（布尔）值。===要求等号两边数据的值和类型都相等才返回 true，==允许等号两边数据类型不一致，类型转换后如果值相同即返回 true	var myVariable = 3; myVariable === 4; // false
不等于	! ==	和等于运算符相反，测试两个值是否不相等，并返回一个 true/false （布尔）值	var myVariable = 3; myVariable !== 3; // false

取非	!	返回逻辑相反的值，如当前值为真，则返回 false	原式为真，但取非后值为 false：
			var myVariable = 3;
			!(myVariable === 3); // false

209

续表

简单运算符	符号	解释	示例
与	&&	使得并列两个或者更多的表达式成为可能，只有当这些表达式每一个都返回 true 时，整个表达式才会返回 true	4>3 && 6>9 结果是 false 4>3 && 6>4 结果是 true
或	||（中间无空格）	当两个或者更多表达式当中的任何一个返回 true 则整个表达式将会返回 true	4>3 || 6>9 结果是 true 4>3 || 6>4 结果是 true

> 一种编程语言的语法就类似于一门自然语言的语法，在学习中记住和会运用语法就行，本身编程语言的语法没有特定的"为什么"，就好像学习一门自然语言语法也很少有"为什么"。我们在学习 JavaScript 语法时，大家也可以结合学习其他语言的经验和方法，其实现在的编程语言的语法和思想（除了 C 语言是面向过程编程思想，其他编程语言基本上都是面向对象，便于编程人员理解和灵活使用）都有异曲同工之妙，大部分是相似的语法和语句，只是在编译环境、擅长用途功能、工具、API 上有所不同。如果大家想学好一门编程技术，重点是学习编程的算法逻辑、设计模式等深层次知识。

2．一元运算符

只能操作一个值的运算符称为一元运算符。一元运算符是 JavaScript 中简单的运算符。

（1）递增和递减运算符。递增和递减运算符有两种方式：前置型和后置型。前置型运算符位于要操作的变量之前，而后置型则位于要操作的变量之后。因此，在使用前置递增运算符给一个数值加 1 时，要把两个加号（++）放在这个数值变量前面，如：

```
var num = 15;
++num;
```

上述代码是前置递增运算符把 num 的值变成了 16，即 15+1=16，其操作方式和以下代码表达意思相同：

```
var num = 15;
num = num + 1;
```

同样的前置递减运算符的方法和上述类似，结果会从一个数值中减去 1。使用前置递减运算符时，要把两个减号（--）放在相应变量的前面，如：

```
var num = 15;
```

```
--num;
```

此时 num 执行后的值是 14。

执行前置递增和递减操作时，变量的值都是在语句被求值以前改变的。如：

```
var num1 = 15;
var num2 = --num1 + 6;
alert(num1);              //输出 14
alert(num2);              //输出 20
```

上述代码意思是前置递减运算符在 num1 变量输出显示的时候起作用，数值变成 14，num2 在执行 num 减 1 后，再加上 6，最终数值变成 20。

由于前置递增和递减操作与执行语句的优先级相等，因此整个语句会从左至右被求值，再如：

```
var num1 = 3;
var num2 = 33;
var num3 = --num1 + num2;      //等于 35
var num4 = num1 + num2;        //等于 35
```

在上面代码中，num3 等于 35 是因为 num1 先减去了 1，然后与 num2 相加，即 2+33= 35。而变量 num4 也等于 35 的原因是在 num1+num2 之前，num1 先减去 1 得 2，即 2+33= 35。

后置递增和递减运算符的语法不变（仍然分别是++和--），只是要放在变量的后面而不是前面。后置递增和递减与前置递增和递减有一个非常重要的区别，即递增和递减操作是在包含它们的语句被求值之后才执行的，如：

```
var age = 30;
age++; //只有在后面语句中用到 age 时 age=31，如没有用到 age 变量，则 age 依旧等于 30
alert(age);          //此时由于执行输出语句，则浏览器输出显示 31
```

再如：

```
var num1 = 3;
var num2 = 33;
var num3 = num1-- + num2;          //等于 36
var num4 = num1 + num2;            //等于 35
```

这里将前置递减改成了后置递减，可以看到前置递减和后置递减的差别。在前面使用前置递减的例子中，num3 和 num4 都等于 35。而在这个例子中，

num3 等于 36，num4 等于 35。两者的区别是在后置递减计算 num3 时使用了 num1 的原始值 3；前置递减在计算 num3 值时则使用了 num1 递减后的值 2。

（2）一元加和一元减运算符。一元加运算符以一个加号（+）表示，放在数值前面，对数值不会产生任何影响，如：

```
var num = 30;
num = +num;                    //仍然是 30
```

一元加运算符由于结果没有改变，所以在编程中很少用。一般情况下用一元减运算符对数值取负，如：

```
var num = 25;
num = -num;                    //结果是-25
```

3．三元运算符

三元运算符类似后面将要学习的 if 判断语句，其基本语法是：判断条件表达式？语句 1：语句 2。意思是如果判断条件表达式为真则执行"语句 1"，如果为假（不成立）则执行"语句 2"。如：

```
// 三元运算符
var status = (type === 1 ? '已售' : '未售')
// if...else...
if(type === 1){
  var status = '已售'
}else{
  var status = '未售'
}
```

上述代码表示：如果 type === 1，则 status = 已售，如果 type 为其他值，status= 未售。三元运算符在 JavaScript 程序中一般用于代替 if 判断语句，可以大大减少代码行数，便于阅读。

4．求模运算符

求模运算符由一个百分号（%）表示，如：

```
var result = 26 % 5;                 //等于 1
```

5．赋值运算符

简单的赋值运算符由等于号（=）表示，其作用就是把右侧的值赋给左侧的变量，如：

```
var num = 10;
```

如果在等于号（＝）前面再添加加、减、乘、除、模等运算符，就可以完成复合赋值操作。如：a＝a＋28，可以写成 a ＋= 28。

4.1.5　注释语句

类似于 CSS，JavaScript 中可以添加注释，如：

```
/*
这里的所有内容
都是注释。
*/
```

如果注释只有一行，可以简单地放在两个斜杠之后，如：

```
// 这是一条注释。
```

4.1.6　变量和常量

JavaScript 的变量是可以用来保存任何类型数据的，每个变量仅仅是一个用于保存值的占位符，定义变量要用 var 运算符，后面加一个变量名，这样可以用于局部变量定义，如：

```
var student_name
```

该行代码定义了一个名为 student_name 的变量，该变量可以用来保存任何值，student_name 是未经过初始化的变量，会保存一个特殊的值，即 undefined。我们也可以直接初始化变量，在定义变量的同时设置变量的值，如：

```
var student_name ="小明";
var year;
year= 18;
var name, class, number;
```

上述代码中，第 1 行定义了一个值为"小明"的字符串型常量，第 2 行是定义一个 year 变量，在第 3 行中将 year 赋值为 18，此时 year 数据类型变为整数型；第 4 行实现了在同一行定义多个变量。在 JavaScript 语言中，定义变量虽然可以把 var 省略来定义全局变量，但不推荐省略，因为在开发过程中会很容易忘记全局变量的意义，也很容易让浏览器产生误解。

4.2　JavaScript 逻辑语句

在现实世界中，我们无时无刻都在做决定，如考试中的选择题，或者从多条线路中选择一条去某城市旅游等，这些决定都影响着我们的生活；同时我们的生活也是日复一日年复一年的重复循环。程序的世界中，我们需要处理的各种问题也会用到选择和循环语句。

4.2.1　if 语句

一般 if 语句语法格式：

```
if（条件）{
    执行语句 1
    }else{
    执行语句 2
}
```

嵌套 if 语句语法格式：

```
if（条件）{
    if（条件）  {
        执行语句 1
    }else{
        执行语句 2
    }
}
```

选择语句的比较运算符有如下选择。

（1）===和!==：判断一个值是否严格等于，或不等于另一个值。

（2）<和>：判断一个值是否小于，或大于另一个值。

（3）<=和>=：判断一个值是否小于或等于，或者大于或等于另一个值。

4.2.2　switch 语句

switch 语句是多项选择语句，它们以单个表达式/值作为输入，然后匹配多个条件，直到找到与该值相匹配的选项，执行与之相关的代码。

```
switch（参数）{
    case 条件 1：
        执行语句 1；
```

```
    break;
case 条件 2：
    执行语句 2；
    break;
case 条件 3：
    执行语句 3；
    break;
    ......
default：
    执行语句 //不满足上述情况需要输出的结果，该部分不是必需的，如果用
不到条件可以省略
}
```

下面是 if 语句和 switch 语句表达同一个意思的示例。

```
if (i == 25) {
    alert("25");
}else if (i == 35) {
    alert("35");
} else if (i == 45) {
    alert("45");
} else if (i == 55) {
    alert("55");
} else{
    alert("other");
}
```

```
switch (i) {
    case 25:
        alert("25");
        break;
    case 35:
        alert("35");
        break;
    case 45:
        alert("45");
        break;
    case 55:
        alert("55");
        break;
    default:
        alert("other");
}
```

 提示

　　alert( )方法是消息弹出框，如 alert("hello JavaScript!")语句，弹出消息框的内容是 "hello JavaScript!"

•4.2.3　while 语句

while 语句在循环体内的代码第一次执行之前,就会对出口条件求值。因此,循环体内的代码有可能永远不会被执行,如:

```
var i = 0;
while (i < 10) {
    i += 2;
}
```

上述代码中,变量 i 开始时的值为 0,每次循环都会递增 2。而只要 i 的值小于 10,循环就会继续下去。

•4.2.4　for 语句

for 语句是循环控制语句,主要由控制循环次数的表达式和每次循环要执行的表达式两部分组成,如:

```
var num = 5;
for (var i = 0; i < num; i++){       //控制循环次数
    alert( i );                      //每次循环要执行输出的内容
}
```

在 for 语句中可以添加 break 和 continue 语句,以便在循环中精确地控制代码的执行。其中,break 语句会立即退出循环,强制执行循环后面的语句,而 continue 语句虽然也是立即退出循环,但退出循环后会从循环的顶部继续执行,如:

```
var n = 0;
for (var i=1; i < 28; i++) {
    if (i % 9 == 0) {
        break;
    }
    n++;
}
alert( n );                     //最终显示 8
```

上述代码中的 for 循环会将变量 i 由 1 递增至 28。在循环体内,有一个 if 语句检查 i 的值是否可以被 9 整除（使用求模运算符）。如果是,则执行 break 语句退出循环。变量 n 从 0 开始,用于记录循环执行的次数。当程序执行 break

语句之后，执行的是 alert( )函数语句，结果显示 8。即变量 i 等于 9 之前，for 循环总共执行了 8 次；当执行程序 break 语句后，循环在 n 再次递增之前就退出到 alert（n）语句，所以最后浏览器显示 8。

如果在这里把 break 替换为 continue，则可以看到另一种结果。

```
var n= 0;
for (var i=1; i < 28; i++) {
    if (i %9 == 0) {
        continue;
    }
    n++;
}
alert( n );             //最终显示 24
```

浏览器最终显示结果是 24，该 for 循环总共执行了 24 次。当变量 i 等于 9 的倍数时，for 循环内语句的 n++不执行，直接跳转到下次 i = 10 或者 19 或者 28 循环，这样也就是 3 次不执行 n++语句。如果没有添加 "continue" 语句，for 循环会执行 27 次（i=28 不执行，直接跳出循环，故不算循环一次），添加了 "continue" 语句后由于有 3 次不执行循环，所以总共循环次数是 27-3=24 次，浏览器最终显示 24。

4.3 函数

函数对任何语言来说都是一个核心的概念。通过函数可以封装任意多条语句，而且可以在任何地方、任何时候调用执行。在 JavaScript 中，理解函数可以和理解方法一样，两者概念差不多，只不过方法是函数的特例，是将函数赋值给了对象。

函数是带有名称（name）和参数的 JavaScript 代码段，可以一次定义多次调用。JavaScript 中的函数使用 function 关键字来声明，后面跟一组参数和函数体。函数的基本语法（函数声明）如下。

```
function functionName(参数 1, 参数 2, 参数 3 ……) {
    函数体（执行语句）
}
```

以下是一个函数示例。

```
function introduction(name, phone) {
    alert("我的名字：" + name + ",我的电话：" + phone + "。");
}
```

这个函数可以通过其函数名来调用，后面还要加上一对圆括号和参数（圆括号中的参数如果有多个，可以用逗号隔开）。调用 introduction()函数的代码如下。

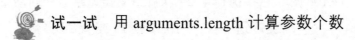

```
introduction( "张三", "12345678");
```

这个函数的输出结果是"我的名字：张三，我的电话：12345678。"

在实现某些 HTML5、CSS3、JavaScript 无法直接引用的功能时，可以通过创建一个新的函数来实现该功能，这样的过程称为"函数封装"，类似于将该功能打包成功能多样的工具，需要使用该工具或功能时就直接调用该封装函数就行，其实在 JavaScript 自带的函数中，如 getcontext("2d")也是采用函数封装的思想。

JavaScript 中的函数在定义时不必指定返回值，当然也可以添加"return"语句给函数增加返回值。同时 JavaScript 中的函数参数个数是不被限制的，需要加多少函数参数都可以，可以调用 arguments 对象的 length 属性计算函数中有多少个参数。

试一试　用 arguments.length 计算参数个数

用 arguments.length 计算参数个数，代码如下：

```
1   <!DOCTYPE html>
2   <html>
3   <head>
4       <meta charset="utf-8">
5       <title>用 arguments.length 计算参数个数</title>
6   </head>
7   <body>
8   <script type="text/javascript">
9       function howManyNum() {
10          alert(arguments.length);
11      }
12      howManyNum ("string",45,20);
13      howManyNum ( );
14      howManyNum(12);
15  </script>
16  </body>
17  </html>
```

执行以上代码会依次出现 3 个警告框，分别显示 3、0 和 1。由此可见，开发人员可以利用这一点让函数能够接收任意个参数并分别用于实现各自的功能。

> arguments 对象是所有（非箭头）函数中都可调用的局部变量。用户可以使用 arguments 对象在函数中引用函数的参数。此对象包含传递给函数的每个参数，第一个参数在索引 0 处。例如，如果一个函数传递了三个参数，可以用这样的方式表达：arguments[0]、arguments[1]、arguments[2]。arguments 对象不是一个 Array，它类似于 Array，但除了 length 属性和索引元素之外没有任何 Array 属性。

实践与体验　JavaScript 函数综合运用

根据给出的原数据，按递增、递减分别排序，并求出最大值，运行效果如图 4-1 所示。

图 4-1
JavaScript 函数综合运用

代码如下：

```
1  <!DOCTYPE html>
2  <html>
3  <head>
4      <meta charset="utf-8">
5      <title>JavaScript 函数综合运用</title>
6  </head>
7  <body>
8  <h2>JavaScript 函数综合运用</h2>
9      <p style="color:crimson">原数据: 18, 55, 0, 8, 32,99,12,2</p>
```

```html
10        <p id="rise"></p>
11        <p id="down"></p>
12        <p id="max"></p>
13        <script type="text/javascript">
14        //递增排序
15            function ArrRise() {
16              for(var i=0;i<arr.length;i++){
17                  for(var j=0;j<arr.length;j++){
18                      if(arr[j]>arr[j+1]){
19                          var temp=arr[j];
20                          arr[j]=arr[j+1];
21                          arr[j+1]=temp;
22                      }
23                  }
24              }
25          return arr;
26          }
27          //递减排序
28          function ArrDown() {
29              for(var i=0;i<arr.length;i++){
30                for(var j=0;j<arr.length;j++){
31                      if(arr[j]<arr[j+1]){
32                          var temp=arr[j];
33                          arr[j]=arr[j+1];
34                          arr[j+1]=temp;
35                      }
36                  }
37              }
38              return arr;
39          }
40          //求最大值
41          function ArrMax() {
42              var arr1=arr[0];
```

```
43              for(var i=0;i<arr.length;i++){
44                  if(arr[i]>arr1){
45                      arr1=arr[i];
46                  }
47              }
48          return arr1;
49      }
50
51      var x = ArrRise(arr);
52      document.getElementById("rise").innerHTML ="递增排序: " + x;
53      var y = ArrDown(arr);
54      document.getElementById("down").innerHTML ="递减排序: " + y;
55      var z = ArrMax(arr);
56      document.getElementById("max").innerHTML ="求最大值: " + z;
57  </script>
58  </body>
59  </html>
```

4.4　JavaScript 对象

JavaScript 是一种面向对象的编程语言，是弱类型编程语言，在 JavaScript 中创建一个对象最简单的方式就是创建一个 Object 的实例，然后再为它添加属性和方法，如：

```
var person = new Object();
person.name = "张三";
person.age = 30;
person.job = "程序员";
person.sayName = function(){
    alert(this.name);
};          //注意这里的分号（;）表示结束，因为这段是赋值语句
```

上面的例子创建了一个名为 person 的对象，并为它添加了三个属性(name、age 和 job)和一个方法 (sayName())。其中，sayName()方法用于显示 this.name（ 将被解析为 person. name ）的值。早期的 JavaScript 开发人员经常使用这个模式创建新对象。几年后，对象自变量成为创建这种对象的首选模式。前面的例

221

子用对象自变量语法可以写成如下代码。

```
var person = {
    name: "张三",
    age: 30,
    job: "程序员",
    sayName:function( ){
        alert(this.name);
} };
```

上述代码有点冗长，不利于阅读，可以把创建一个对象写成一行，很多程序员会采用以下写法。

```
var person = {name: "张三", age: 30, job: "程序员", sayName:function()
{alert(this. name); } };
//注意这里的分号（;）表示结束，因为这段是赋值语句
```

试一试　认识面向对象

认识 JavaScript 面向对象运用，代码如下。

```
1   <!DOCTYPE html>
2   <html>
3   <head>
4   <meta charset="utf-8">
5   <title>认识面向对象</title>
6   </head>
7   <script type="text/javascript">
8      var obj1 = new Object();        //创建一个空的对象
9      obj1.name = "小明";             //属性
10     obj1.showName = function(){     //方法
11         alert(this.name);           //this 指向 obj
12     }
13     obj1.showName();
14
```

```
15    var obj2 = new Object();          //创建一个空的对象

16    obj2.name="小明";                 //属性

17    obj2.showName=function(){         //方法

18        alert(this.name);            //this 指向 obj

19    }

20    obj2.showName();

21  </script>

22  </body>

23  </html>
```

上述代码运行后会在浏览器中依次弹出"小明""小灰"。

实践与体验　JavaScript 面向对象编程

下面我们动手编一个简单的计时器，页面效果如图 4-2 所示。

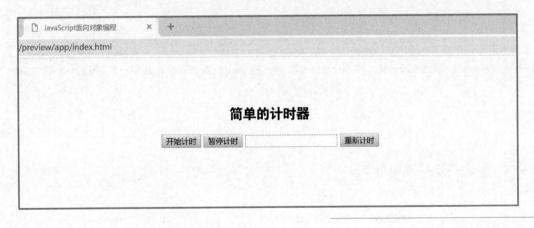

图 4-2
JavaScript 面向
对象编程

代码如下：

```
1   <!DOCTYPE html>

2   <html>

3   <head>

4   <meta charset="utf-8">

5   <title>JavaScript 面向对象编程</title>

6   <style type="text/css">

7     body{

8         margin: 150px auto;

9         padding: 0;
```

```
10          }
11      .out_form{
12          margin: 0 auto;
13          text-align: center;
14      }
15  </style>
16  <script type="text/javascript">
17      var x = 0
18      var t
19      //开始计时
20      function time_Begin(){
21          document.getElementById("number").value = x
22          x = x+1
23          t = setTimeout("time_Begin()",1000)
24      }
25      //时间重置
26      function again_Count(){
27          x = 0;
28          setTimeout("document.getElementById('number').value=0",0);
29          clearTimeout(t);
30      }
31      //时间暂停
32      function stop_Count(){
33          if(x>0){
34              setTimeout("document.getElementById('number').value=
    x-1",0);
35              clearTimeout(t);
36          }else{
37              setTimeout("document.getElementById('number').value =
    0",0);
38              clearTimeout(t);
39          }
40      }
41  </script>
42  </head>
43
```

```
44  <body>
45      <div class="out_form">
46          <h2>简单的计时器</h2>
47          <input type="button" value="开始计时" onClick="time_Begin()">
48          <input type="button" value="暂停计时" onClick="stop_Count()">
49          <input type="text"    id="number">
50          <input type="button" value="重新计时"onClick="again_Count()">
51      </div>
52  </body>
53  </html>
```

4.5 JavaScript HTML DOM

4.5.1 认识 JavaScript HTML DOM

DOM（Document Object Model，文档对象模型）是针对 HTML 和 XML 文档的一个 API（应用程序编程接口）。DOM 描绘了一个层次化的节点树，允许开发人员添加、移除和修改页面的某一部分。当网页被加载时，浏览器会创建页面的 DOM。

HTML DOM 树如图 4-3 所示。

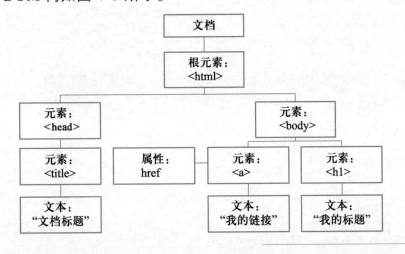

图 4-3
HTML DOM 树

通过可编程的对象模型，JavaScript 获得了足够的能力来创建动态的 HTML，它能够改变页面中的所有 HTML 元素、HTML 属性和 CSS 样式，能够对页面中的所有事件做出反应。

4.5.2 查找 HTML 标签

JavaScript 通过三种方式查找 HTML 标签。

1. 通过 id 查找 HTML 标签——document.getElementById( )

通过 id 查找 HTML 标签是查找 HTML 标签最简单的方法。首先在 HTML 标签里定义 id，然后在 JavaScript 里通过 document.getElementById("id")查找 HTML 标签，从而控制或者修改 HTML 标签。其操作方式如下。

```
1   <html>
2       <标签 1 id="ID_Name1" >内容 1</标签 1>
3       <标签 2 id="ID_Name2" >内容 2</标签 2>
4   </html>
5   <script type = "text/javascript">
6       x = document.getElementById("ID_Name1");  //获取标签 1 的 id:
    ID_Name1，然后赋值给变量 x
7       document.getElementById("ID_Name2").innerHTML="内容 3";
8   </script>    //获取标签 2 的 id: ID_Name2，然后改变标签 2 中的 "内容 1"
    为 "内容 3"
```

试一试 通过 id 查找 HTML 标签 1

通过 id 查找 HTML 标签 1，代码如下。

```
1   <!DOCTYPE html>
2   <html>
3   <head>
4   <meta charset="utf-8">
5   <title>查找 HTML 标签 1</title>
6   </head>
7   <body>
8       <p id="intro">Hello World!</p>
9       <p>本例演示 <b>getElementById</b> 方法! </p>
10      <p id = "p1">Hello World!</p>
11      <script type = "text/javascript">
12          x = document.getElementById("intro");
13          document.write('<p>id = "intro"的段落中的文本是: '+x.innerHTML+
    '</p>');
14          document.getElementById("p1").innerHTML="New text!";
```

```
15        </script >
16  </body>
17  </html>
```

查找 HTML 标签 1 在浏览器内显示的效果如图 4-4 所示。

图 4-4
查找 HTML 标签 1

上述代码意思是如果找到该标签，则该方法将以对象（在 x 中）的形式返回该标签。如果未找到该标签，则 x 为空。document.getElementById( ) 是获取 HTML 标签 id 的主要方法，document.write 是输出内容（JavaScript 用该方法可以改变 HTML 标签的输出流），innerHTML 是插入新的 HTML 元素（JavaScript 用该方法可以改变 HTML 的内容）。

2. 通过类名查找 HTML 标签——getElementByclassName( )

通过类名查找 HTML 标签与通过 id 查找 HTML 标签类似，但通过类名查找到的 HTML 标签在浏览器高版本中才会出效果，低版本浏览器中并不支持（在 IE 5、6、7、8 中无效）。该方法在写法上要将标签内定义的 id 换成定义的 HTML 类名，其用法如下：

```
1  <html>
2      <标签 1 class="Class_Name1" >内容 1</标签 1>
3      <标签 2 class="Class_Name2" >内容 2</标签 2>
4  </html>
5  <script type = "text/javascript">
6      x = document.getElementByclassName("ID_Name1");  //获取标签 1
   的 Class 名：Class_Name1，然后赋值给变量 x
7      document.getElementByclassName("Class_Name2").innerHTML="内
   容 3";//获取标签 2 的 Class 名：Class_Name2，然后改变标签 2 中的"内容 1"
   为"内容 3"
```

227

试一试　通过类名查找 HTML 标签

下面通过 HTML 标签内的类名来查找 HTML 标签，代码如下。

```
1   <!DOCTYPE html>
2   <html>
3   <head>
4   <meta charset="utf-8">
5   <title>查找 HTML 标签 3</title>
6   </head>
7   <body>
8       <p class="intro">Hello World!</p>
9       <p>本例演示 <b>getElementByclassName</b>方法！</p>
10      <script type="text/javascript">
11          x=document.getElementsByClassName("intro");
12          document.write('<p>class="intro"的段落中的文本是：'+x.innerHTML+
    '</p>');
13      </script>
14  </body>
15  </html>
```

查找 HTML 标签 3 在浏览器内显示的效果如图 4-5 所示。

图 4-5
查找 HTML 标签 3

3. 通过标签名查找 HTML 标签——getElementsByTagName( )

通过标签名查找 HTML 标签和通过 id 查找 HTML 标签类似，只是调用的
函数改为 getElementsByTagName( )。getElementsByTagName（标签名）直接查

228

找到 HTML 标签，从而控制或者修改 HTML 标签，该方法适合用于既没有定义 id 又没有定义 HTML 类名的标签。其操作方式如下。

```
1   <html>
2       <标签 1>内容 1</标签 1>
3       <标签 2 >内容 2</标签 2>
4   </html>
5   <script type = "text/javascript">
6       x = getElementsByTagName ("标签 1");  //getElementsByTagName 直
    接获取标签 1，然后赋值给变量 x
7       document. getElementsByTagName ("标签 2").innerHTML="内容 3";
    //getElements ByTagName 直接获取标签 2，然后改变标签 2 中的"内容 1"为
    "内容 3"
```

试一试 通过标签名查找 HTML 标签 2

　　本例查找 id="main"的元素，然后查找"main"中的所有<p>标签，代码如下。

```
1   <!DOCTYPE html>
2   <html>
3   <head>
4   <meta charset="utf-8">
5   <title>查找 HTML 标签 2</title>
6   </head>
7   <body>
8       <p>Hello World!</p>
9       <div id="main">
10          <p>The DOM is very useful.</p>
11          <p>本例演示 <b>getElementsByTagName</b> 方法。</p>
12      </div>
13      <script type="text/javascript">
14          var x=document.getElementById("main");
15          var y=x.getElementsByTagName("p");
16          document.write('id 为 "main"的 div 中的第一段文本是：' + y[0].
                innerHTML);
17      </script>
```

```
18 </body>
19 </html>
```

查找 HTML 标签 2 在浏览器内显示的效果如图 4-6 所示。

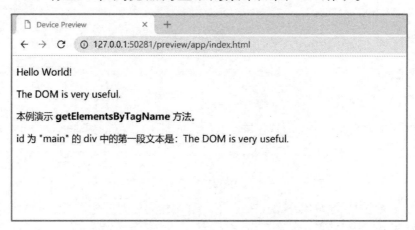

图 4-6
查找 HTML 标签 2

•4.5.3　通过 JavaScript 改变 HTML 和 CSS

1. 更改 HTML 的输出流、内容、属性

可以利用 JavaScript 更改 HTML 的输出流、内容、属性。一般语句和示例如下。

```
<script>
    document.write( 数据 );                        //改变 HTML 的输出流
</script>
//通过 id 改变 HTML 标签的内容
document.getElementById(id).innerHTML=新内容;
```

由于用 JavaScript 更改 HTML 的输出流、内容、属性等在 4.5.2 小节的示例中讲到过，所以这里不再举例说明。

2. 修改 HTML 事件

这里的事件指的是鼠标事件，用 JavaScript 程序可以控制鼠标单击或者双击等操作从而产生特殊效果，很多电商类、游戏类网站中的炫酷效果都是通过 JavaScript 控制 HTML 事件做出的效果。HTML 事件一般有如下几种：当用户单击时，当网页已加载时，当图像已加载时，当光标移动到元素上时，当输入字段被改变时，当提交 HTML 表单时，当用户触发按键时。

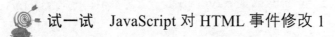 **试一试**　JavaScript 对 HTML 事件修改 1

利用 JavaScript 修改 HTML 事件，实现：光标没有移到绿色矩形框里时，

文字显示"把光标移到上面"，当光标移到矩形框里时，文字显示"谢谢"。

代码如下：

```
1   <html>
2   <head>
3       <meta charset="utf-8">
4       <title>JavaScript 对 HTML 事件修改 1</title>
5       <style type="text/css">
6           .divTest{
7           background-color:green;
8           width:280px;
9           height:80px;
10          padding:40px;
11          color:#ffffff;
12          text-align: center;
13          }
14      </style>
15  </head>
16  <body>
17      <div onmouseover="mOver(this)" onmouseout="mOut(this)" class=
        "divTest">把光标移到上面</div>
18      <script type="text/javascript">
19          function mOver(obj){
20              obj.innerHTML="谢谢";
21          }
22          function mOut(obj){
23              obj.innerHTML="把光标移到上面";
24          }
25      </script>
26  </body>
27  </html>
```

JavaScript 对 HTML 事件修改 1 在浏览器内显示的效果如图 4-7 所示。

231

图 4-7
JavaScript 对 HTML
事件修改 1

还可以用 JavaScript 改变 CSS，基本语句如下：

document.getElementById(id).属性 = 新的数值; // 通过 id 改变 HTML 标签的属性

document.getElementById(id).CSS 样式.属性 = 新的属性值;

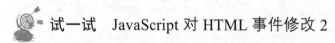 试一试　JavaScript 对 HTML 事件修改 2

下面代码实现：在矩形框内按下鼠标左键，矩形内的文字变成"请释放鼠标"，释放鼠标后文字恢复成"请按下鼠标左键"。

代码如下：

```
1   <!DOCTYPE html>
2   <html>
3   <head>
4   <meta charset="utf-8">
5   <title>JavaScript 对 HTML 事件修改 2</title>
6   </head>
7   <body>
8     <div onmousedown="mDown(this)" onmouseup="mUp(this)" style=
          "background-color:green;color:#ffffff;width:90px;height:
          20px;padding:40px;font-size:12px;">请点击这里</div>
9   <script>
10    function mDown(obj)
11    {
```

```
12          obj.style.backgroundColor="#1ec5e5";
13          obj.innerHTML="请释放鼠标"
14      }
15      function mUp(obj)
16      {
17          obj.style.backgroundColor="green";
18          obj.innerHTML="请按下鼠标左键"
19      }
20      </script>
21  </body>
22  </html>
```

JavaScript 对 HTML 事件修改 2 在浏览器内显示的效果如图 4-8 所示。

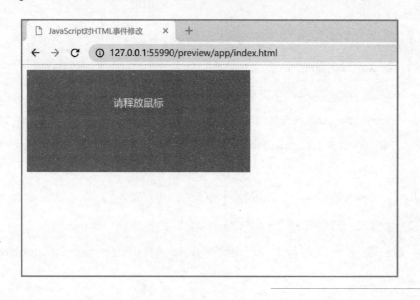

图 4-8
JavaScript 对 HTML
事件修改 2

实践与体验　JavaScript DOM 案例

我们把上述讲的知识点放到同一个代码示例中，JavaScript DOM 案例在浏览器内显示的效果如图 4-9 所示，代码如下。

```
1  <!DOCTYPE html>
2  <html>
3  <head>
4  <meta charset="utf-8">
5  <title>JavaScript DOM 案例</title>
```

233

图 4-9
JavaScript DOM 案例

```
6    </head>
7    <body>
8        <p id="p1">HTML 原来的内容</p>
9        <img src="JavaScript_DOM案例/before.jpg"/>
10       <img id="image" src="JavaScript_DOM案例/before.jpg"/>
11       <hr style="height:3px;border:none;border-top:3px double red;" />
12
13       <p id="p2">通过 JavaScript 修改 CSS 属性</p>
14       <p id="p3">通过 JavaScript 修改 CSS 属性</p>
15       <hr style="height:3px;border:none;border-top:3px double red;"/>
16
17       <h1 id="id1">My Heading 1</h1>
18       <button type="button" onclick="document.getElementById('id1').
style. color='red'">单击这里！</button>
19       <hr style="height:3px;border:none;border-top:3px double red;" />
20
21       <script type="text/javascript">
22       //通过 JavaScript 改变 HTML 标签里的内容
23       document.getElementById("p1").innerHTML="改变 HTML 内容!";
24       //通过 JavaScript 改变 HTML 标签里属性
25       document.getElementById("image").src = "JavaScript_DOM 案例
/after.jpg";
```

234

```
26        //通过 JavaScript 修改 CSS 属性
27        document.getElementById("p3").style.color = "blue";
28        document.getElementById("p3").style.fontFamily = "幼圆";
29        document.getElementById("p3").style.fontSize ="larger";
30      </script>
31    </body>
```

　　该案例用到了 HTML 标签里内置 CSS 样式，对于简单的 CSS 样式，采用这样的写法能让界面很简洁，便于编写人员阅读，同时由于少了"换行符""CSS 样式引用说明"等语句内容，减少了文档空间。如果大家熟练掌握了 CSS 样式规则，可以用这样的方式编写网页代码。

4.6　JavaScript 应用案例

　　在第 3 单元"CSS3 应用案例"中，我们学会了用 CSS3 来美化一个静态的网页，下面将用 JavaScript 给静态首页中添加轮播图片动态效果，从而展示更多内容，丰富整个网页效果。在这里我们只需要在第 3 单元做好的网页基础上再添加一些 HTML 标签、CSS 样式、JavaScript 程序。

　　（1）将第 3 单元"CSS3 应用案例"网页布局中的 banner 部分删除，然后添加\<div>\<img>\<a>\<span>标签建好轮播图片框架，同时要复制图片到之前"images"文件夹里并重新引用图片路径，具体代码如下。

```
1    <div class="banner">
2      <div class="Pic_Wrap" style="left: -1000px;">
3        <img src="images/5.jpg" alt="">
4        <img src="images/1.jpg" alt="">
5        <img src="images/2.jpg" alt="">
6        <img src="images/3.jpg" alt="">
7        <img src="images/4.jpg" alt="">
8        <img src="images/5.jpg" alt="">
9        <img src="images/1.jpg" alt="">
10     </div>
11     <div class="buttons">
12       <span class="Number">1</span>
```

```
13        <span>2</span>
14        <span>3</span>
15        <span>4</span>
16        <span>5</span>
17      </div>
18      <a href="javascript:;" class="arrow arrow_left">&lt;</a>
19      <a href="javascript:;" class="arrow arrow_right">&gt;</a>
20    </div>
```

（2）添加上述 HTML 标签的 CSS 样式，具体代码如下。

```
1    /*轮播图片效果 CSS 样式开始*/
2    .banner a{text-decoration: none;}
3    .banner {
4        position: relative;
5        width: 1000px;
6        height: 375px;
7        margin:0 auto;
8        margin-top: 70px;
9        overflow: hidden;
10   }
11   /*注意：我们将 5 张宽为 1000 像素的图片隐藏起来，所以设置的 Pic_Wrap 宽
     度大一点*/
12   .banner .Pic_Wrap {
13       position: absolute;
14       width: 7000px;
15       height: 375px;
16       z-index: 1;
17   }
18   .banner .Pic_Wrap img {
19       float: left;
20       width: 1000px;
21       height: 375px;
22   }
23   .banner .buttons {
```

236

```
24        position: absolute;
25        right: 5px;
26        bottom:40px;
27        width: 150px;
28        height: 10px;
29        z-index: 2;
30    }
31    .banner .buttons span {
32        margin-left: 5px;
33        display: inline-block;
34        width: 20px;
35        height: 20px;
36        border-radius: 50%;
37        background-color: green;
38        text-align: center;
39        color:white;
40        cursor: pointer;
41    }
42    .banner .buttons span.Number{
43        background-color: red;
44    }
45    .banner .arrow {
46        position: absolute;
47        top: 35%;
48        color: yellow;
49        padding:0px 14px;
50        border-radius: 50%;
51        font-size: 50px;
52        z-index: 2;
53        display: none;
54    }
55    .banner .arrow_left {left: 10px;}
56    .banner .arrow_right {right: 10px;}
57    .banner:hover .arrow {display: block;}
```

| 58 | .banner .arrow:hover {background-color:rgba(0,0,0,0.2);} |
| 59 | /*轮播图片效果 CSS 样式结束*/ |

　　由于接下来我们在 JavaScript 中多次改变图片叠加（改变图片层次），而之前制作的静态网页效果是固定网页顶部导航为最上层的，所以还需要在原网页中修改顶部导航的 z-index 叠层数值，修改#topmenu 样式具体代码如下。

```
#topmenu{
    background-color:white;
    height:70px;
    position:fixed;
    left:0px;
    top:0px;
    width:100%;
    border-bottom: 1px solid #f1f1f1;
    z-index: 5;                //数值可以设大从而将导航栏固定在最上面
}
```

　　（3）添加 JavaScript 程序代码，将轮播图片逻辑展示出来，具体代码如下。

```
1  <script type="text/javascript">
2  var Pic_Wrap = document.querySelector(".Pic_Wrap");
3  var next = document.querySelector(".arrow_right");
4  var prev = document.querySelector(".arrow_left");
5
6  //手动轮播
7  next.onclick = function () {
8      next_pic();
9  }
10 prev.onclick = function () {
11     prev_pic();
12 }
13 function next_pic () {
14     index++;
15     if(index > 4){
16         index = 0;
17     }
18     showCurrentDot();
```

238

```
19      var newLeft;
20       if(Pic_Wrap.style.left === "-5000px"){
21           newLeft = -2000;
22     }else{
23       newLeft = parseInt(Pic_Wrap.style.left)-1000;
24     }
25     Pic_Wrap.style.left = newLeft + "px";
26  }
27  function prev_pic () {
28      index--;
29      if(index < 0){
30          index = 4;
31      }
32      showCurrentDot();
33      var newLeft;
34      if(Pic_Wrap.style.left = = = "0px"){
35          newLeft = -4000;
36      }else{
37          newLeft = parseInt(Pic_Wrap.style.left) + 1000;
38      }
39      Pic_Wrap.style.left = newLeft + "px";
40  }
41
42  //通过调用 setInterval 函数来设置图片自动切换的时间
43  var timer = null;
44  function autoPlay () {
45      timer = setInterval(function () {
46          next_pic();
47      },3000);
48  }
49  autoPlay();
50  var banner = document.querySelector(".banner");
51  banner.onmouseenter = function () {
```

```
52        clearInterval(timer);
53    }
54    banner.onmouseleave = function () {
55    autoPlay();
56    }
57
58    //单击不同绿色数字显示红色数字效果
59    var index = 0;
60    var dots = document.getElementsByTagName("span");
61    function showCurrentDot () {
62        for(var i = 0, len = dots.length; i < len; i++){
63            dots[i].className = "";
64        }
65        dots[index].className = "Number";
66    }
67    showCurrentDot();
68    //实现第一张和最后一张之间相互切换
69    for (var i = 0, len = dots.length; i < len; i++){
70        (function(i){
71            dots[i].onclick = function () {
72                var dis = index - i;
73                if(index == 4 && parseInt(Pic_Wrap.style.left)!==-5000){
74                    dis = dis - 5;
75                }
76                //和使用 prev 和 next 相同，最开始的照片 5 和最终的照片 1 在使用
    时会出现问题，导致符号和位数的出错，做相应的处理即可
77                if(index==0 && parseInt(Pic_Wrap.style.left)!==-1000){
78                    dis = 5 + dis;
79                }
80                Pic_Wrap.style.left = (parseInt(Pic_Wrap.style.left) +
    dis * 1000)+"px";
81                index = i;
82                showCurrentDot();
83            }
```

```
84    })(i);
85  }
```

用 JavaScript 实现轮播图在浏览器内显示的效果如图 4-10 所示。

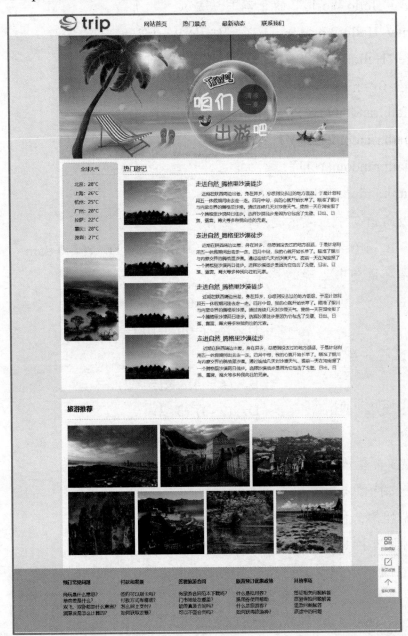

图 4-10
用 JavaScript 实现
轮播图

●思考与训练

一、选择题

1. 下列 HTML 标签中能放置 JavaScript 代码的是（　　　）。

    A．＜script＞   B．＜javascript＞   C．＜js＞   D．＜scripting＞

2. 下列不是 JavaScript 注释正确写法的是（　　　）。

  A. < !-- …… -- >　　　　　　　　B. //……

  C. /*……*/　　　　　　　　　　D. /* …… */

3. JavaScript 中输出 "Hello World" 的正确写法是（　　　）。

  A. document.write("Hello World")　　B. "Hello World"

  C. response.write("Hello World")　　D. ("Hello World")

4. 下面选项可以产生 0<=num<=10 随机整数的是（　　　）。

  A. Math.floor(Math.random()*6)

  B. Math.floor(Math.random()*10)

  C. Math.floor(Math.random()*11)

  D. Math.ceil(Math.random()*10)

5. 下列 JavaScript 判断语句中正确的是（　　　）。

  A. if(i= =0)　　　B. if(i=0)　　　C. if i= =0 then　　D. if i=0 then

6. 下列 JavaScript 循环语句中正确的是（　　　）。

  A. if(i<10;i++)　　　　　　　　B. for(i=0;i<10)

  C. for i=1 to 10　　　　　　　　D. for(i=0;i<=10;i++)

7. 下列表达式将返回假的是（　　　）。

  A. !(3<=1)　　　　　　　　　　B. (4>=4)&&(5<=2)

  C. ("a"=="a")&&("c"!="d")　　　　D. (2<3)||(3<2)

二、判断题

1. JavaScript 是一种强类型语言。　　　　　　　　　　　　　　　　（　　　）

2. JavaScript 不完全支持面向对象概念。　　　　　　　　　　　　　（　　　）

3. 不管 do…while 循环的条件是否正确，循环体至少执行一次。　　（　　　）

4. 按钮（button）对象支持 onClick、onBlur 和 onFocus 事件名。　　（　　　）

5. 加载的事件代码在文档加载到浏览器窗口之前执行。　　　　　　（　　　）

6. JavaScript 不允许用户定义自己的对象类型。　　　　　　　　　（　　　）

三、程序阅读题

1. 请写出下列程序运行结果：_____。

```
<script>
    var x,y=null;
    alert(x) ;
    alert(y) ;
    alert(x=y);
```

```
    alert(x= =y);
</script>
```

2. 请写出下列程序运行结果: _____。

```
x="a";
y="b";
z=false;
function testOne(){
    var x="c";
    var y="d";
    z=true;
    alert(x);
    alert(y);
    alert(z);
}
function testTwo(){
    alert(x);
    alert(y);
    alert(z);
}
testOne();
testTwo();
```

第 5 单元　jQuery 简化网页制作

　　jQuery 是一个快速、小巧且功能丰富的 JavaScript 库。它通过一个跨多种浏览器的、易于使用的 API，使 HTML 文档操作、事件处理、动画设计和 AJAX 交互等变得更加简单。jQuery 结合了多功能性和可扩展性，改变了数百万人编写 JavaScript 的方式。

　　它具有独特的链式语法和短小清晰的多功能接口；具有高效灵活的 CSS 选择器；拥有便捷的插件扩展机制和丰富的插件，兼容各种主流浏览器；利用 AJAX，可以对页面进行局部刷新，提供更好的页面交互效果。掌握 jQuery 需要有一定的 JavaScript 语法基础，并勤加练习。

　　本单元主要介绍 jQuery 框架基础语法，包括 jQuery 选择器、DOM 操作、事件、动画等。

　　通过本单元的学习，了解 jQuery 框架，学会用 jQuery 选择网页元素与事件，操作 DOM 元素，实现动画效果，以及通过 AJAX 学习数据接收与发送等。

5.1　jQuery 框架概述

jQuery 是一个快速、简洁的 JavaScript 框架，通过封装原生的 JavaScript 函数得到一整套定义好的方法，提供一种简便的 JavaScript 设计模式，优化 HTML 文档操作、事件处理、动画设计和 AJAX 交互，极大地简化了 JavaScript 编程。jQuery 设计的宗旨是写更少的代码，做更多的事情。

5.1.1　jQuery 特点

（1）快速获取文档元素。jQuery 的选择机制与 CSS 选择器类似，能快速查询 HTML 文档中元素，极大地强化了 JavaScript 中获取页面元素的方式。

（2）提供美观的页面动态效果。jQuery 中内置了一系列的动画效果，如淡入淡出，上下滑动等，还可以利用 CSS 方法制作自定义动画效果，将网页变得绚丽多彩且富有欣赏价值。

（3）AJAX 实现无刷新网页。AJAX 是异步的 JavaScript 和 XML 的简称，是与服务器交换数据的技术，它在不重载全部页面的情况下，实现了对部分网页的更新，但编写常规的 AJAX 代码并不容易，通过 jQuery，我们可以很轻松地实现 AJAX 功能。

（4）提供对 JavaScript 语言的增强。jQuery 是一个轻量级的 JavaScript 库，提供了对基本 JavaScript 结构的增强，如元素选取、动画效果等。

（5）增强的事件处理。jQuery 优化了各种页面事件，包括鼠标事件、键盘事件、表单事件等，可以将本来需要在 HTML 中添加的事件处理代码放在 JavaScript 代码中，方便处理与维护，最为重要的是，它的事件处理器消除了因浏览器不同而产生的兼容性问题。

（6）更改网页内容。jQuery 可以修改网页中的内容，如更改网页文本，插入或翻转网页图像，载入其他文件内容，简化了原本使用 JavaScript 代码处理的方式。

5.1.2　jQuery 引用

在网页中引用 jQuery 库，可以通过以下两种方式，第一种是直接下载 JS 文件后引用；第二种是通过 CDN 加载 jQuery 库。

1．下载 jQuery 库

jQuery 的官网如图 5-1 所示。

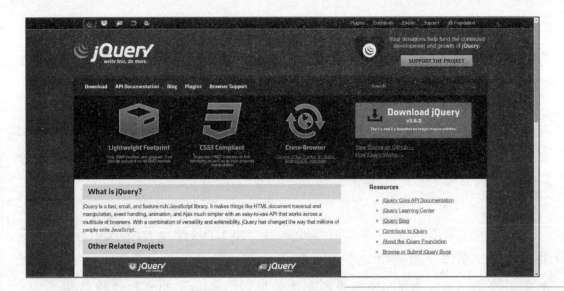

图 5-1
jQuery 官网

单击页面中的"Download jQuery"按钮,跳转到下载页面,网页中可以下载不同格式的同版本文件,各格式区别如图 5-2 所示。

Downloading jQuery

Compressed and uncompressed copies of jQuery files are available. The uncompressed file is best used during development or debugging; the compressed file saves bandwidth and improves performance in production. You can also download a sourcemap file for use when debugging with a compressed file. The map file is *not* required for users to run jQuery, it just improves the developer's debugger experience. As of jQuery 1.11.0/2.1.0 the `//# sourceMappingURL` comment is not included in the compressed file.

To locally download these files, right-click the link and select "Save as..." from the menu.

jQuery

For help when upgrading jQuery, please see the upgrade guide most relevant to your version. We also recommend using the jQuery Migrate plugin.

Download the compressed, production jQuery 3.6.0 ——— 压缩过,适合生产阶段,文件较小

Download the uncompressed, development jQuery 3.6.0 ——— 未压缩过,适合开发阶段,文件较大

Download the map file for jQuery 3.6.0

You can also use the slim build, which excludes the ajax and effects modules:

Download the compressed, production jQuery 3.6.0 slim build ——— 压缩过,适合生产阶段的瘦身版,比普通版本缺少AJAX和特效等模块

Download the uncompressed, development jQuery 3.6.0 slim build ——— 未压缩过,适合开发阶段的瘦身版,比普通版本缺少AJAX和特效等模块

Download the map file for the jQuery 3.6.0 slim build

jQuery 3.6.0 blog post with release notes

图 5-2
jQuery 下载

本教材使用的是"Download the uncompressed,production jQuery 3.6.0"版本,下载之后的文件名为 jQuery-3.6.0.min.js。下载完成后,我们可以在<head>和</head>标签之间通过<script>标签进行链接,操作方式与链接外部 JavaScript 脚本文件相同,代码如下。

```
<script src="jQuery-3.6.0.min.js"></script>
```

2. 通过 CDN 加载 jQuery 库

CDN 的全称是 Content Delivery Network,即内容分发网络,CDN 依靠部署

在各地的边缘服务器，通过中心平台的负载均衡、内容分发、调度等功能模块，使用户就近获取内容，降低网络延迟，提高访问速度。使用 CDN 加载 jQuery 库，只需要将地址写在<head>和</head>标签之间<script>标签的 src 属性中，代码如下。

```
<script src="https://cdn.bootcdn.net/AJAX/libs/jQuery/3.6.0/jQuery.js">
</script>
```

　　如果浏览者在浏览网页之前已经在同一个 CDN 中下载过 jQuery，该文件将会缓存，第二次使用时不需要重新下载，进而提高访问速度，但在应用过程中要注意一点，当 CDN 服务器无法使用时，也会影响到制作的网站。

5.1.3　jQuery 初体验

　　在 jQuery 中，"$" 是 jQuery 的简称，"$()" 函数用于选择和操作 HTML 元素，代码如下。

```
$(function () {
    // 程序代码
});
```

　　jQuery 一般操作流程如下：首先通过选择器选择 HTML 元素，然后通过操作方法对选取的元素执行某些操作，语法格式如下。

```
$(选择器).操作(参数)
```

　　例如，需要将 HTML 页面中所有的<h1>标签中的对象全部隐藏，代码如下。

```
$("h1").hide()
```

　　例如，需要获取 HTML 页面中 id 为 id1 的对象中的文本内容，代码如下。

```
$("#id1").text()
```

　　当网页被加载时，浏览器会创建页面的文档对象模型（DOM），jQuery 需要等待浏览器加载完毕之后才能执行，所以在脚本中需要通过 ready()方法判断页面是否加载完毕，代码如下。

```
$(document).ready(function () {
    // 程序代码
});
```

如果在文档没有完全加载之前就运行函数，操作可能失败，例如，HTML 中的图片未加载完毕，则无法获取图片的宽高。

实践与体验　使用 jQuery 设置 DIV 内容

用编写器打开配套资源中"第 5 单元教学资源\5.1 jQuery 框架概述\5-1-1.html"，将光标移至<script></script>中，删除第 13 行注释文字"//此处输入代码"，输入框内的代码，下面通过实例 5-1-1 演示，代码如下。

```
1   <!DOCTYPE html>
2   <html lang="en">
3   <head>
4       <meta charset="UTF-8">
5       <title>5-1-1</title>
6       <script src="jQuery-3.6.0.min.js"></script>
7   </head>
8   <body>
9       <div id="id2"></div >
10  </body>
11  </html>
12  <script>
13      //此处输入代码
14  </script>
```

```
1    $(function () {
2        $("#id2").text("hello jQuery")
3    });
```

效果如图 5-3 所示。

图 5-3
使用 jQuery 设置 DIV 内容
效果图

5.2　jQuery 选择器

jQuery 选择器可以通过 HTML 标签名称、id、class、属性、属性值等来查找并选择网页中的元素，相比较 JavaScript 在选择元素时需要编写较为冗长的代码，jQuery 选择器基于CSS 选择器，选择元素简单很多。jQuery 选择元素有多种方式，最常见的有基本选择器、层次选择器、属性选择器、过滤选择器等。

5.2.1 基本选择器

基本选择器包含标签选择器、id 选择器、class 选择器、全局选择器、当前选择器、并集选择器，见表 5-1。

表 5-1 基本选择器

类型	表示方法	说明
标签选择器	$("标签名称")	通过 HTML 标签选择元素
id 选择器	$("#id")	通过元素的 id 选择元素
class 选择器	$(".class")	通过元素的 class 选择元素
全局选择器	$("*")	选择 HTML 页面中的所有元素
当前选择器	$(this)	选择 HTML 页面中当前正在作用的元素
并集选择器	$("s1,s2,sN")	一次性选择 HTML 页面中的多个元素

以 id 选择器为例，id 选择器可以通过元素的 id 来选择对象，在选择的时候，需要在 id 前加上 "#" 号，和 CSS 选择器写法一致。

下面通过实例 5-2-1 演示。首先，在 HTML 标签里定义 id，然后在 JavaScript 里通过$("#id")查找元素，进而进行查询或修改。代码如下。

```
1  <h2>静夜思</h2>
2  <h3 id="author">【作者】李白 </h3>
3  <p>床前明月光，疑是地上霜。</p>
4  <p>举头望明月，低头思故乡。</p>
5  <script>
6      $(document).ready(function () {
7          alert("古诗的作者信息:" + $("#author").text());
8      });
9  </script>
```

> **提示**
>
> 本案例中用到的 text()方法，将在 5.3 DOM 操作中详细介绍，此方法可以用来读取或设置某个元素中的文本内容，当没有参数时，可以获取元素中的内容，当有参数时，表示修改该元素内容。

250

试一试

实现打开浏览器，弹出一个文本框，文本框中的内容为"古诗内容：床前明月光，疑是地上霜。举头望明月，低头思故乡。"，如图 5-4 所示。

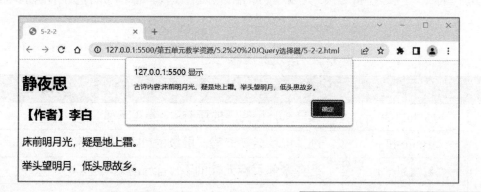

图 5-4
通过 jQuery 选择器
选择标签\<p\>

实现上述功能，首先需要通过 jQuery 选择器选择标签\<p\>，然后通过 text()方法返回\<p\>标签中的内容，最后通过 alert()方法弹出对话框，下面通过实例5-2-2 演示，代码如下。

```
1  <!DOCTYPE html>
2  <html lang="en">
3  <head>
4      <meta charset="UTF-8">
5      <title>5-2-2</title>
6      <script src="jQuery-3.6.0.min.js"></script>
7  </head>
8  <body>
9      <h2>静夜思</h2>
10     <h3 id="author">【作者】李白 </h3>
11     <p>床前明月光，疑是地上霜。</p>
12     <p>举头望明月，低头思故乡。</p>
13 <script>
14     $(document).ready(function () {
15         alert("古诗内容:" + $("p").text());
16     });
17 </script>
18 </body>
19 </html>
```

251

·5.2.2　层次选择器

常见的层次关系包括后代、父子、兄弟、相邻等，所以层次选择器包含后代选择器、子类选择器、兄弟选择器、相邻选择器、所有兄弟选择器等，见表 5-2。

表 5-2　层次选择器

类型	表示方法	说明
后代选择器	$("ul li")	选择\<ul>标签下的所有\<li>标签元素
子类选择器	$("ul>li")	选择\<ul>标签下第一层级的\<li>标签元素
相邻选择器	$("h3+p")	选择紧邻目标元素的下一个元素
兄弟选择器	$("h3~p")	选择目标元素之后的所有同级元素
所有兄弟选择器	.siblings	选择目标元素的所有同级元素

以后代选择器为例，后代选择器可以通过$("M N")来选择对象，M、N 均为选择器。下面通过实例演示，将 HTML 页面中所有\<ul>标签下的\<li>标签里面的元素颜色设置为红色，代码如下。

```
1   <h2>李白</h2>
2   <ul id="lb">
3       <li>《静夜思》</li>
4       <li>《将进酒》</li>
5   <li>《望庐山瀑布》</li>
6   </ul>
7   <h2>杜甫</h2>
8   <ul id="df">
9       <li>《春望》</li>
10      <li>《登高》</li>
11      <li>《春夜喜雨》</li>
12  </ul>
13  <script>
14    $(document).ready(function () {
15        $("ul li").CSS("color", "red")
16    });
17  </script>
```

> 本案例中用到的 CSS()方法，将在 5.5 jQuery 效果中详细介绍，此方法可以改变网页元素的 CSS 样式。如$("p").CSS("color", "red")可以将标签<p>的颜色变成红色。

编写代码，实现如下功能：将李白的作品标题颜色设置为红色，效果如图 5-5 所示。

李白

- 《静夜思》
  - 床前明月光，疑是地上霜。
  - 举头望明月，低头思故乡。
- 《将进酒》
- 《望庐山瀑布》

杜甫

- 《春望》
- 《登高》
- 《春夜喜雨》

图 5-5
将李白作品标题设置为红色

在 jQuery 中，后代与子类的区别在于，后代表示当前元素内符合条件的元素，子类则只表示当前元素内符合条件的第一层级元素。实现该功能，首先通过子类选择器选择 id="lb"下的<li>标签，然后通过 CSS 方法将元素字体设置为红色，下面通过实例 5-2-4 演示，代码如下。

```
1   <!DOCTYPE html>
2   <html lang="en">
3   <head>
4       <meta charset="UTF-8">
5       <title>5-2-4</title>
6       <script src="jQuery-3.6.0.min.js"></script>
7       <style>
8           *{color: blue;}
9       </style>
10  </head>
11  <body>
12      <h2>李白</h2>
```

```
13      <ul id="lb">
14          <li>《静夜思》
15              <ul>
16                  <li>床前明月光，疑是地上霜。</li>
17                  <li>举头望明月，低头思故乡。</li>
18              </ul>
19          </li>
20          <li>《将进酒》</li>
21          <li>《望庐山瀑布》</li>
22      </ul>
23      <h2>杜甫</h2>
24      <ul id="df">
25          <li>《春望》</li>
26          <li>《登高》</li>
27          <li>《春夜喜雨》</li>
28      </ul>
29      <script>
30      $(document).ready(function () {
31          $("#lb>li").CSS("color", "red")
32      });
33      </script>
34  </body>
35  </html>
```

　　jQuery 除了层次选择器之外，还有 jQuery 遍历功能，所谓遍历，是指沿着某条搜索路线，依次对树中每个节点均做一次访问，就像走迷宫一样。jQuery 遍历，是根据其相对于其他元素的关系来"查找"（或选取）HTML 元素。

　　通过 jQuery 遍历，我们可以从被选（当前的）元素开始，轻松地向上、向下或者水平进行访问，这种访问被称为对 DOM 进行遍历。

　　例如，如果我们要寻找<p>节点的父节点，可以通过如下代码来实现。

```
$("p").parent();
```

　　例如，如果我们要寻找<p>节点的<span>子节点，可以通过如下代码来实现。

```
$("p").children("span");
```

该方法与层次选择器的后代选择器$("p>span")相同，除此之外，我们还可以通过 find()方法寻找<p>节点下的所有子节点。

•5.2.3　属性选择器

属性选择器是围绕 HTML 标签中的属性进行选择的选择器，如标签中带有特定属性，属性值等于特定值，属性不等于特定值，属性值以特定值开头，属性值以特定值结尾，属性值中包含特定值等，见表 5-3。

表 5-3　属性选择器

选择器	举例	说明
标签中带有特定属性	$("a[href]")	选择带有 href 的 a 元素
属性值等于特定值	$("a[href='abc']")	选择 href 等于 abc 的 a 元素
属性值不等于特定值	$("a[href!='abc']")	选择 href 不等于 abc 的 a 元素
属性值以特定值开头	$("a[href^='abc']")	选择 href 以 abc 开头的 a 元素
属性值以特定值结尾	$("a[href$='abc']")	选择 href 以 abc 结尾的 a 元素
属性值中包含特定值	$("a[href*='abc']")	选择 href 包含 abc 的 a 元素

以"属性值以特定值开头"为例，该选择器可以通过$("选择器[属性^=特定值]")来选择对象。例如，将 HTML 页面中属性 color 的值以 r 字符开头的 font 元素字体大小设置为 40 px，下面通过实例 5-2-5 演示，代码如下。

```
1   <h2>李白</h2>
2   <ul id="lb">
3       <li><font color="red">《静夜思》</font></li>
4       <li><font color="red">《将进酒》</font></li>
5       <li><font color="blue">《望庐山瀑布》</font></li>
6       <li><font color="blue">《月下独酌》</font></li>
7       <li><font color="blue">《行路难》</font></li>
8   </ul>
9   <script>
10      $(document).ready(function () {
11          $("font[color^='r']").CSS("font-size","40px")
12      });
13  </script>
```

试一试

将所有古诗标题链接中含有 "www.×××.com" 字符的元素大小设置为 40 px，效果如图 5-6 所示。

> **李白**
> - 《**静夜思**》
> - 《**将进酒**》
> - 《望庐山瀑布》
> - 《月下独酌》
> - 《**行路难**》

图 5-6
链接设置

实现该功能，首先通过属性选择器选择属性值中包含 "www.×××.com" 字符的元素，然后通过 CSS() 方法将元素大小设置为 40 px，下面通过实例 5-2-6 演示，代码如下。

```
1   <!DOCTYPE html>
2   <html lang="en">
3   <head>
4       <meta charset="UTF-8">
5       <title>5-2-6</title>
6       <script src="jQuery-3.6.0.min.js"></script>
7   </head>
8   <body>
9   <h2>李白</h2>
10  <ul id="lb">
11      <li><a href="http://www.×××.com/jys">《静夜思》</a></li>
12      <li><a href="http://www.×××.com/jjj">《将进酒》</a></li>
13      <li><a href="#">《望庐山瀑布》</a></li>
14      <li><a href="#">《月下独酌》</a></li>
15      <li><a href="http://www.×××.com/xln">《行路难》</a></li>
16  </ul>
17  <script>
18      $(document).ready(function(){
19          $("a[href*='www.×××.com']").CSS("font-size","40px")
20      });
```

256

```
21    </script>
22    </body>
23    </html>
```

5.2.4 过滤选择器

过滤选择器通过 ":" 添加过滤条件，如$("div:first")返回 div 元素集合的第一个 div 元素，first 是过滤条件。按照不同的过滤规则，过滤选择器可以分为基本过滤器、内容过滤器、可见性过滤器、子元素过滤器和表单对象属性过滤选择器，常用过滤选择器见表 5-4。

表 5-4 过滤选择器

选择器	举例	说明
:first	$("tr:first")	选择所有 tr 元素中第一个 tr 元素
:last	$("tr:last")	选择所有 tr 元素中最后一个 tr 元素
:even	$("tr:even")	选取所有元素中索引为偶数的元素，索引从 0 开始
:odd	$("tr:odd")	选取所有元素中索引为奇数的元素，索引从 0 开始
:contains	$("tr:contains(text)")	选取包含 text 文本的元素
:hidden	$(":hidden")	选取所有不可见元素
:text	$(":text")	选取所有的文本框元素

以 ":odd" 为例，该过滤器表示选取所有元素中索引为奇数的元素，索引从 0 开始，如将表格奇数行背景色设置为黄色，可以通过如下代码实现。

```
$("tr:odd").CSS("background-color","yellow")
```

 试一试

将表格中含有 "李白" 的行背景设置为黄色，效果如图 5-7 所示。

作品集

作者	古诗
李白	《静夜思》
杜甫	《春夜喜雨》
李白	《将进酒》
李白	《望庐山瀑布》
杜甫	《闻官军收河南河北》

图 5-7
行背景设置颜色

实现该功能，首先通过过滤选择器的 ":contains(text)" 过滤条件选取包含

"李白"的 tr 元素，然后通过 CSS()方法将元素背景设置为黄色，下面通过实例 5-2-7 演示，代码如下。

```
1    <!DOCTYPE html>
2    <html lang="en">
3    <head>
4        <meta charset="UTF-8">
5        <title>5-2-7</title>
6        <script src="jQuery-3.6.0.min.js"></script>
7    </head>
8    <body>
9    <h2>作品集</h2>
10   <table border="1">
11      <tr>
12          <th>作者</th>
13          <th>古诗</th>
14      </tr>
15      <tr>
16          <td>李白</td>
17          <td>《静夜思》</td>
18      </tr>
19      <tr>
20          <td>杜甫</td>
21          <td>《春夜喜雨》</td>
22      </tr>
23      <tr>
24          <td>李白</td>
25          <td>《将进酒》</td>
26      </tr>
27      <tr>
28          <td>李白</td>
29          <td>《望庐山瀑布》</td>
30      </tr>
31      <tr>
```

```
32          <td>杜甫</td>
33          <td>《闻官军收河南河北》</td>
34      </tr>
35  </table>
36  <script>
37  $(document).ready(function () {
38      $("tr:contains('李白')").CSS("background-color","yellow")
39  });
40  </script>
41  </body>
42  </html>
```

实践体验 使用 jQuery 选择器选择元素

用编写器打开配套资源中"第 5 单元教学资源\5.2\5-2-8.html",将光标移至<script></script>中,删除第 34 行注释文字"//此处输入代码",输入框内的代码,下面通过实例 5-2-8 演示,代码如下。

```
1   <!DOCTYPE html>
2   <html lang="en">
3   <head>
4       <meta charset="UTF-8">
5       <title>5-2-8</title>
6       <script src="jQuery-3.6.0.min.js"></script>
7   </head>
8   <body>
9   <h2>作品集</h2>
10  <table border="1">
11      <tr>
12          <th>作者</th>
13          <th>古诗</th>
14          <th>诗歌内容</th>
15      </tr>
16      <tr>
17          <td>李白</td>
```

259

```
18        <td><font color="red">《静夜思》</font></td>
19        <td>床前明月光，疑是地上霜。举头望明月，低头思故乡。</td>
20      </tr>
21      <tr>
22        <td>杜甫</td>
23        <td><font color="blue">《春夜喜雨》</font></td>
24        <td>好雨知时节，当春乃发生。随风潜入夜，润物细无声。</td>
25      </tr>
26      <tr>
27        <td>李白</td>
28        <td><font color="red">《望庐山瀑布》</font></td>
29        <td>日照香炉生紫烟，遥看瀑布挂前川。飞流直下三千尺，疑是银河落
         九天。</td>
30      </tr>
31    </table>
32    <script>
33      $(document).ready(function () {
34          //此处输入代码
35      });
36    </script>
37  </body>
```

```
$("h2").text("唐代作品集")
$("font[color='blue']").CSS("font-
size", "30px")
$("tr:odd").CSS("background-color",
"yellow")
```

该案例通过标签来设置元素内容，通过属性选择器修改文字大小，通过过滤选择器实现背景颜色的隔行换色，效果如图 5-8 所示。

作者	古诗	诗歌内容
李白	《静夜思》	床前明月光，疑是地上霜。举头望明月，低头思故乡。
杜甫	《春夜喜雨》	好雨知时节，当春乃发生。随风潜入夜，润物细无声。
李白	《望庐山瀑布》	日照香炉生紫烟，遥看瀑布挂前川。飞流直下三千尺，疑是银河落九天。

唐代作品集

图 5-8
使用 jQuery 选择器选择元素

5.3 jQuery 中的 DOM 操作

使用 JavaScript 改变 HTML 页面 h1 元素内容，需要通过 document.getElementsByClassName("h1").innerHTML="内容"来进行修改，而当我们学习

260

jQuery 之后，可以通过$("h1").html("内容")来进行改变。

在 jQuery 中，DOM 操作是一个非常重要的组成部分。jQuery 提供了一系列操作 DOM 的方法，使访问和操作元素和属性变得很容易，jQuery 不仅简化了传统 JavaScript 操作 DOM 烦冗的代码，还解决了跨平台浏览器兼容性，DOM 操作主要包括添加或删除元素、获取或设置元素尺寸、获取或设置内容、获取或设置 CSS 等。

5.3.1 添加或删除元素

通过 jQuery，可以很方便地在网页中添加新元素/内容，操作方式包括：append()、prepend()、after()、before()等，见表 5-5。

表 5-5 添加或删除元素

语法	功能
prepend()	在目标元素的内部开头插入指定内容
append()	在目标元素的内部结尾插入指定内容
before()	在目标元素前插入指定内容
after()	在目标元素后插入指定内容
remove()	删除整个节点，包括所有文本和子节点
empty()	删除被选元素的所有子节点和内容，但不会移除元素本身

例如，有以下 HTML 文件。

```
<h2>李白</h2>
<ul>
    <li>《静夜思》</li>
</ul>
```

在"李白"前添加"唐朝诗人"，可以通过以下代码来实现。

```
$("h2").before("唐朝诗人");
```

在"<li>《静夜思》</li>"前添加"<li>《望庐山瀑布》</li>"，可以通过以下代码来实现。

```
$("ul").prepend("<li>《望庐山瀑布》</li>");
```

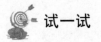 试一试

在李白的作品集中添加"《望庐山瀑布》"，并删除杜甫的全部作品，效果

261

如图 5-9 所示。

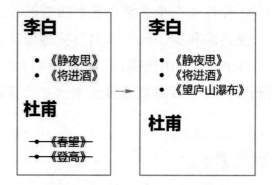

图 5-9
添加删除元素

实现该功能，首先通过 id 选择器选择 id="lb"，通过 append()方法将 "<li>《望庐山瀑布》</li>" 添加进去；然后通过 id 选择器选择 id="df"，通过 empty()方法清空，下面通过实例 5-3-1 演示，代码如下。

```
1   <!DOCTYPE html>
2   <html lang="en">
3   <head>
4       <meta charset="UTF-8">
5       <title>5-3-1</title>
6       <script src="jQuery-3.6.0.min.js"></script>
7   </head>
8   <body>
9   <h2>李白</h2>
10  <ul id="lb">
11      <li>《静夜思》</li>
12      <li>《将进酒》</li>
13  </ul>
14  <h2>杜甫</h2>
15  <ul id="df">
16      <li>《春望》</li>
17      <li>《登高》</li>
18  </ul>
19  <script>
```

```
20   $(document).ready(function () {
21       $("#lb").append("<li>《望庐山瀑布》</li>");
22       $("#df").empty();
23   });
24   </script>
25   </body>
26   </html>
```

5.3.2 获取或设置元素尺寸

通过 jQuery，我们可以方便地获取或设置元素的尺寸，如元素的基本尺寸、含内边距的尺寸、含边框的尺寸、含外间距的尺寸等，例如，我们可以通过以下 4 种方法获取不同的宽度（高度同理），如图 5-10 所示。

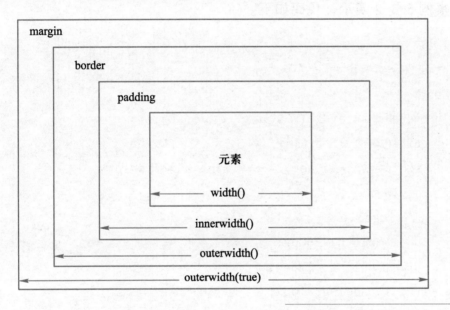

图 5-10
获取元素尺寸

例如，通过 width()方法可以获取页面中图片的宽度值，代码如下。

```
$("img").width()
```

 试一试

编写代码，实现如下功能：单击"更改图片大小"按钮，改变图片大小，每次单击，宽增加 12 像素，高增加 9 像素，同时显示图片的宽高信息，效果如图 5-11 所示。

图片信息
- 图片宽：360px
- 图片高：270px

2. 图片
变大

1. 单击"更改图
片大小"按钮

更改图片大小

图 5-11
改变元素尺寸

实现该功能，首先创建一个单击事件，通过 width()和 height()方法获取类名为 imgbox 的 div 宽、高并赋值为 w、h；然后通过 w=w+12，h=h+9，修改 div 宽高；最后清空<ul>内容，通过 append()方法，将图片信息添加到<ul>中，下面通过实例 5-3-2 演示，代码如下。

```
1    <!DOCTYPE html>
2    <html lang="en">
3    <head>
4        <meta charset="UTF-8">
5        <title>5-3-2</title>
6        <script src="jQuery-3.6.0.min.js"></script>
7        <style>
8            .imgbox{
9                width: 360px;
10               height: 270px;
11               padding: 10px;
12               margin: 5px;
13               border: 1px solid #ccc;
14           }
15       </style>
16   </head>
17   <body>
18       <div class="imgbox">
19           <img src="1.jpg" width="100%" height="100%" alt="">
20       </div>
21       <h2>图片信息</h2>
```

264

```
22      <ul></ul>
23      <button>更改图片大小</button>
24  <script>
25      $(document).ready(function () {
26          $("ul").append("<li>图片宽: "+$("img").width() +"px</li>");
27          $("ul").append("<li>图片高: "+$("img").height() +"px</li>");
28          $("button").click(function(){
29              w=$(".imgbox").width();
30              h=$(".imgbox").width()
31              $(".imgbox").width(w+12).height(h+9)
32              $("ul").empty();
33              $("ul").append("<li>图片宽:"+$("img").width()+"px</li>");
34              $("ul").append("<li>图片高:"+$("img").height()+"px</li>");
35          })
36      });
37  </script>
38  </body>
39  </html>
```

> **提示**
>
> 本案例中用到的 click()方法，将在 5.4 jQuery 事件中详细介绍，此事件属于鼠标事件，可以通过单击来触发单击事件，然后通过该事件来执行其他操作，如改变图片宽高等。

5.3.3 获取并设置内容

jQuery 在操作 DOM 时，除了可以添加删除元素、获取或设置元素尺寸之外，还可以获取或设置元素本身的属性、元素内部的文本内容、HTML 内容等，见表 5-6。

表 5-6 获取或设置内容

语法	功能
text()	设置或返回目标元素的文本内容
html()	设置或返回目标元素的内容（包括 HTML 标签）
val()	设置或返回表单字段的值
attr()	设置/改变属性值

例如，我们可以通过 text() 获取元素内容，通过 val() 获取到表单内容，下面通过实例 5-3-3 演示，代码如下。

```
1   <h2 id="name">静夜思</h2>
2   <h2>读后感: </h2>
3   <textarea rows="10" cols="30" id="dhg"></textarea>
4   <button>提交</button>
5   <script>
6       $(document).ready(function(){
7           $("button").click(function(){
8               console.log($("#name").text())
9               console.log($("#dhg").val())
10          })
11      });
12  </script>
```

在编写程序代码的时候，学会调试是一项非常重要的工作，我们可以在 JavaScript 代码的任何部分调用 console.log，然后就可以在浏览器的开发者控制台（浏览网页时，按 F12 键，调出开发者调试工具），看到这个函数调用时所输出的值。

 试一试

打开网页，阅读古诗，并在文本框中输入读后感（可以输入 HTML 标签），单击"提交"按钮，显示读后感内容，包括古诗名称、古诗作者和古诗读后感。效果图如图 5-12 所示。

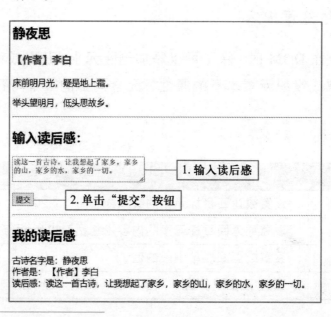

图 5-12
显示读后感内容

266

首先，通过 text()方法读取姓名和作者，通过 val()方法读取文本区域内的值；然后，通过 text()方法更改 id 为#gsmc 和#gszz 的 DIV 内容，通过 html()方法更改 id 为#gsdhg 的 DIV 内容，下面通过实例 5-3-4 演示，代码如下。

```
1  <!DOCTYPE html>
2  <html lang="en">
3  <head>
4      <meta charset="UTF-8">
5      <title>5-3-4</title>
6      <script src="JQuery-3.6.0.min.js"></script>
7  </head>
8  <body>
9      <h2 id="name">静夜思</h2>
10     <h3 id="author">
11         <font color="red">【作者】李白</font>
12     </h3>
13     <p>床前明月光，疑是地上霜。</p>
14     <p>举头望明月，低头思故乡。</p>
15     <hr>
16     <h2>输入读后感：</h2>
17     <p><textarea rows="10" cols="30" id="dhg"></textarea></p>
18     <p><button>提交</button></p>
19     <hr>
20     <h2>我的读后感</h2>
21     <div id="gsmc"></div>
22     <div id="gszz"></div>
23     <div id="gsdhg"></div>
24     <script>
25         $(document).ready(function () {
26             $("button").click(function(){
27                 var gsmc=$("#name").text()
28                 var gszz=$("#author").text()
29                 var dhg=$("#dhg").val()
```

```
30                    $("#gsmc").text("古诗名字是: "+gsmc)
31                    $("#gszz").text("作者是: "+gszz)
32                    $("#gsdhg").html("读后感: "+dhg)
33            })
34        });
35        </script>
36    </body>
37    </html>
```

•5.3.4　获取并设置 CSS

对一个美观的 HTML 网页来说，CSS 起到非常重要的作用，jQuery 除了能对元素本身进行操作之外，也能对 DOM 中的 CSS 进行操作，在 5.2 节中，我们曾经通过 CSS()方法改变文本颜色,本小节,我们将学习更多 jQuery 操作 CSS 的方法，见表 5-7。

表 5-7　jQuery 操作 CSS 的方法

语法	功能
addClass()	向目标元素添加一个或多个类
removeClass()	从目标元素删除一个或多个类
toggleClass()	对目标元素进行添加/删除类的切换操作
CSS()	设置或返回样式属性

例如，我们可以通过 addClass()方法给元素增加新的样式，代码如下。

```
$("h2").addClass("style01")
```

 试一试

单击按钮，切换译文显示状态，同时切换按钮上的文字，如图 5-13 所示。

<figure>

隐藏译文

静夜思

【作者】李白

床前明月光，疑是地上霜。

明亮的月光洒在床前的窗户纸上，好像地上泛起了一层白霜。

举头望明月，低头思故乡。

我禁不住抬起头来，看那天窗外空中的一轮明月，不由得低头沉思，想起远方的家乡。

显示译文

静夜思

【作者】李白

床前明月光，疑是地上霜。

举头望明月，低头思故乡。

</figure>

图 5-13
切换译文显示状态

268

实现该功能，通过 toggleClass() 方法切换译文的显示状态，判断按钮上的文字是否等于"显示译文"，如果是，则通过 text() 方法将文字设置为"隐藏译文"，反之，则设置为"显示译文"，下面通过实例 5-3-5 演示，代码如下。

```
1   <!DOCTYPE html>
2   <html lang="en">
3   <head>
4       <meta charset="UTF-8">
5       <title>5-3-5</title>
6       <script src="jQuery-3.6.0.min.js"></script>
7       <style>
8           i{display: none;}
9           .toggle{display: block;}
10      </style>
11  </head>
12  <body>
13          <button>显示译文</button>
14          <h2>静夜思</h2>
15          <h3 id="author">【作者】李白 </h3>
16          <p>床前明月光，疑是地上霜。</p>
17          <i>明亮的月光洒在床前的窗户纸上，好像地上泛起了一层白霜。</i>
18          <p>举头望明月，低头思故乡。</p>
19          <i>我禁不住抬起头来，看那天窗外空中的一轮明月，不由低头沉思，想
        起远方的家乡</i>
20          <script>
21              $(document).ready(function () {
22                  $("button").click(function(){
23                      $("i").toggleClass("toggle")
24                      if($("button").text()=="显示译文"){
25                          $("button").text("隐藏译文")
26                      }else{
27                          $("button").text("显示译文")
```

```
28              }
29           })
30        });
31    </script>
32 </body>
33 </html>
```

●实践体验　使用 jQuery 进行 DOM 操作

编写代码，实现以下功能：单击"设置尺寸和标题"按钮，图片根据输入值进行宽高变化，图片名称根据输入值进行变化，单击"切换标题样式"按钮，可以切换标题样式，如图 5-14 所示。

图 5-14
控制图片和标题

该实践案例首先设置单击"设置尺寸和标题"按钮的事件，通过 val()方法获取输入值，并通过 width()和 height()实现对元素尺寸的设置，通过 text()方法，实现对标题的更改，然后设置单击"切换标题样式"按钮的事件，通过 toggleClass()方法，实现标题样式的切换，下面通过实例 5-3-6 演示，代码如下。

```
1  <!DOCTYPE html>
```

```
2   <html lang="en">
3   <head>
4       <meta charset="UTF-8">
5       <title>5-3-6</title>
6       <script src="jQuery-3.6.0.min.js"></script>
7       <style>
8       .imgbox{
9           width:360px;
10          height:270px;
11          padding:10px;
12          margin: 5px;
13          border: 1px solid #ccc;
14      }
15      .style01{
16          color: red;
17          font-weight: normal;
18      }
19      </style>
20  </head>
21  <body>
22      <div class="imgbox">
23          <img src="1.jpg" width="100%" height="100%" alt="">
24      </div>
25      <h1>李白</h1>
26      <hr>
27      <h2>设置图片尺寸</h2>
28      <p>宽：<input type="text" id="w"></p>
29      <p>高：<input type="text" id="h"></p>
30      <h2>设置标题信息</h2>
31      <p><input type="text" id="title"></p>
32      <button id="btn1">设置尺寸和标题</button>
33      <button id="btn2">切换标题样式</button>
34      <script>
```

```
35    $(document).ready(function () {
36        $("#btn1").click(function(){
37            var w=$("#w").val()
38            var h=$("#h").val()
39            var title=$("#title").val()
40            $(".imgbox").width(w).height(h)
41            $("h1").text(title)
42        })
43        $("#btn2").click(function(){
44            $("h1").toggleClass("style01")
45        })
46    });
47    </script>
48 </body>
49 </html>
```

5.4　jQuery 事件

　　当我们将光标移动到网页导航上时，网页内容会发生变化，当我们单击网页中的图片时，图片会放大展示，当我们在网页中输入信息时，网页会提示输入内容是否正确，网页对我们的操作做出的响应，被称为事件。不同的事件有不同的事件处理程序，也就是调用不同的方法。jQuery 事件是对 JavaScript 事件的封装，如前面我们所接触过的文档 ready 事件和鼠标 click 事件，常用事件方法包括文档事件、鼠标事件、键盘事件、表单事件等。

　　jQuery 事件的基本语法格式为：

```
$(选择器).事件名称(function([参数]){
    $(选择器).操作()
})
```

5.4.1　鼠标事件

　　在 jQuery 事件中，鼠标事件是最常用的事件类型，它包括鼠标对元素的各类操作，包括单击、双击、移入、移出等，常见鼠标事件见表 5-8。

272

表 5-8 鼠 标 事 件

事件	功能
click	当单击元素时，发生 click 事件
dblclick	当双击元素时，发生 dbclick 事件
mouseenter	当光标移入元素内部时，会发生 mouseenter 事件
mouseleave	当光标移出元素时，会发生 mouseleave 事件
hover	当光标停留在元素上方时，会发生 hover 事件
mousedown	当在元素上按下鼠标按键时，会发生 mousedown 事件
mouseup	当在元素上释放鼠标时，会发生 mouseup 事件

例如，单击<h2>标签，该标题文字颜色变成红色，代码如下。

```
$("h2").click(function () {
    $("h2").CSS("color", "red")
})
```

例如，单击 id 为 author 的元素，该元素文字颜色变成绿色，代码如下。

```
$("#author").click(function () {
    $(this).CSS("color", "green")
})
```

在上述代码中，$(this)表示当前对象，也就是$("#author")。

 试一试

编写代码，实现如下功能：当光标在图片上进行操作时，显示当前鼠标状态，效果图如图 5-15 所示。

图 5-15
显示鼠标状态

该功能通过 mouseenter()、mouseout()、mousedown()、mouseup()事件，以

273

及 append()方法，记录鼠标在图片上的操作，下面通过实例 5-4-1 演示，代码如下。

```
1  <!DOCTYPE html>
2  <html lang="en">
3  <head>
4      <meta charset="UTF-8">
5      <title>5-4-1</title>
6      <script src="jQuery-3.6.0.min.js"></script>
7      <style>
8          .imgbox{
9              width:360px;
10             height:270px;
11             padding:10px;
12             margin:5px;
13             border:1px solid #ccc;
14         }
15     </style>
16 </head>
17 <body>
18     <img src="1.jpg" width="360" height="270" alt="">
19     <h2>鼠标操作信息</h2>
20     <div class="mouseinfo"></div>
21     <script>
22     $(document).ready(function () {
23         $("img").mouseenter(function () {
24             $(".mouseinfo").append("光标移入图片区域中了<br>")
25         })
26         $("img").mouseout(function () {
27             $(".mouseinfo").append("光标移出图片区域之外了<br>")
28         })
29         $("img").mousedown(function () {
30             $(".mouseinfo").append("在图片上按下鼠标<br>")
31         })
```

274

```
32        $("img").mouseup(function () {
33            $(".mouseinfo").append("在图片上释放鼠标<br>")
34        })
35    });
36    </script>
37  </body>
38  </html>
```

5.4.2 键盘事件

当用户操作键盘时，浏览器会触发键盘事件，jQuery 键盘事件主要有 3 种：keydown()、keypress()、keyup()，见表 5-9。

表 5-9 键 盘 事 件

方法	功能
keypress	当按键按下时触发，能识别小键盘上的数字 key
keydown	当按键按下后触发，能识别功能键，如 delete、backspace
keyup	当按键释放时触发

当按键按下时，会触发 keydown 事件，此时获取文本框内的值，是尚未输入之前的值；当按键释放时，会触发 keyup 事件，此时获取文本框内的值，是输入完成之后的值，所以，如果要阻止在文本框中输入文字，必须在 keydown 或 keypress 时阻止。keypress 与 keydown 功能类似，区别在于 keypress 无法识别功能键，如 delete、backspace，但能识别小键盘上的数字 key，下面通过实例 5-4-2 演示，代码如下。

```
1   <input type="text" id="key">
2   <script>
3       $(document).ready(function () {
4           $("#key").keydown(function (event) {
5               var kc=event.keyCode
6               console.log("keydown:",kc)
7           })
8           $("#key").keypress(function (event) {
9               var kc=event.keyCode
10              console.log("keypress",kc)
```

11	})
12	});
13	</script>

 试一试

编写代码，实现如下功能：输入十进制数 *n*，输出相应的二进制数，八进制数，十六进制数，如图 5-16 所示。

图 5-16
进制转换

在转换过程中，首先通过 val()方法获取十进制值，其次通过 parseInt()函数转换为数值类型，再次通过 toString()函数转换相应的进制，最后通过 text()进行赋值，并通过 keyup()方法即时体现，下面通过实例 5-4-3 演示，代码如下。

1	<!DOCTYPE html>
2	<html lang="en">
3	<head>
4	<meta charset="UTF-8">
5	<title>5-4-3</title>
6	<script src="jQuery-3.6.0.min.js"></script>
7	</head>
8	<body>
9	<h2>进制转换</h2>
10	<p>输入十进制数:<input type="text" id="ten"></p>
11	<p>二进制数是: <span id="to2"></span></p>
12	<p>八进制数是: <span id="to8"></span></p>
13	<p>十进制数是: <span id="to16"></span></p>
14	<script>
15	$(document).ready(function () {
16	$("#ten").keyup(function () {
17	var v10 = parseInt($("#ten").val())
18	var v2=v10.toString(2)

```
19              var v8=v10.toString(8)
20              var v16=v10.toString(16)
21              $("#to2").text(v2)
22              $("#to8").text(v8)
23              $("#to16").text(v16)
24          })
25      });
26      </script>
27  </body>
28  </html>
```

5.4.3　表单事件

在网页开发中，表单是页面的重要组成部分，是用户与 WEB 服务器进行数据交互的桥梁，jQuery 表单事件包括 focus()、blur()、change()、submit()等，见表 5-10。

表 5-10　表 单 事 件

语法	功能
focus	当元素获得焦点时发生 focus 事件
blur	当元素失去焦点时发生 blur 事件
change	当元素的值改变时发生 change 事件
submit	当提交表单时，发生 submit 事件

在交互过程中，合理的 jQuery 表单事件能给用户提供良好的用户体验，例如，即时判断用户的输入是否符合规则（姓名的长度需控制在 2～4 位），下面通过实例 5-4-4 演示，代码如下。

```
1  <p>姓名：</p>
2  <input type="text" id="name">
3  <script>
4      $(document).ready(function(){
5          $("#name").change(function(){
6              var name=$("#name").val()
7              if(name.length<1 || name.length>4){
8                  alert("姓名的长度请控制在 2～4 位")
9                  $("#name").val("")
```

```
10          }
11        })
12      });
13  </script>
```

试一试

编写代码，实现以下效果：当表单获得焦点时，更改背景颜色为粉色，当失去焦点时，更改背景颜色为白色，姓名的长度要求控制在 2～4 位，年龄要求控制在 0～100,当姓名和年龄为空时，则弹出提示框"请先输入姓名或年龄"，反之，则弹出提示框"提交完成"，效果如图 5-17 所示。

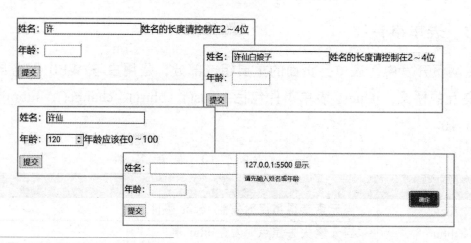

图 5-17
表单控制

实现上述功能，通过触发 focus()事件和触发 blur()事件来控制更改背景颜色，通过 change()事件，来对姓名和年龄进行需求判断，通过 submit()事件来控制提交前的判断，下面通过实例 5-4-5 演示，代码如下。

```
1   <!DOCTYPE html>
2   <html lang="en">
3   <head>
4       <meta charset="UTF-8">
5       <title>5-4-5</title>
6       <script src="jQuery-3.6.0.min.js"></script>
7   </head>
8   <body>
9       <form action="">
10          <p>姓名: <input type="text" id="name"><span class="tip">
    </span></p>
```

278

```
11      <p>年龄: <input type="number" id="age" min="0" max="100">
12      <span class="tip"></span></p>
13      <p><input type="submit" value="提交"></p>
14  </form>
15  <script>
16      $(document).ready(function () {
17          $("#name,#age").focus(function () {
18              $(this).CSS("background-color","pink")
19          })
20          $("#name,#age").blur(function () {
21              $(this).CSS("background-color","white")
22          })
23          $("#name").change(function () {
24              $(this).next().text(")
25              var name=$("#name").val()
26              if(name.length<2 || name.length>4){
27                  $(this).next().text("姓名的长度请控制在 2~4 位")
28              }
29          })
30          $("#age").change(function () {
31              $(this).next().text(")
32              var age=$("#age").val()
33              if(age<0 || age>100){
34                  $(this).next().text("年龄应该在 0~100")
35              }
36          })
37          $("form").submit(function(){
38              var name=$("#name").val()
39              var age=$("#age").val()
40              if(name==" || age==="){
41                  alert("请先输入姓名或年龄");
42              }else{
43                  alert("提交完成")
```

```
44              }
45           });
46       });
47    </script>
48 </body>
49 </html>
```

实践体验　编写一个用户注册程序

　　编写代码，实现如下需求：要求录入姓名、手机号信息，能对姓名进行长度判断（2~4），能对手机号长度进行判断（长度为 11 位），单击"发送验证码"按钮，能改变验证码（模拟实现），输入验证码之后判断是否输入正确，在提交时，判断所有信息是否输入完整，如图 5-18 所示。

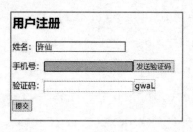

图 5-18
用户注册

　　实例 5-4-6 代码如下。

```
1  <!DOCTYPE html>
2  <html lang="en">
3  <head>
4     <meta charset="UTF-8">
5     <title>5-4-6</title>
6     <script src="jQuery-3.6.0.min.js"></script>
7     <style>
8     .yzmcode{
9         border: 1px solid #ccc;
10        cursor: pointer;
11        margin-left: 3px;
12    }
13    </style>
14 </head>
15 <body>
```

280

```
16      <h2>用户注册</h2>
17      <form action="">
18          <p>姓名：<input type="text" id="name"><span class="tip">
    </span></p>
19          <p>手机号：<input type="text" id="phone"><span class="tip">
    </span> <button type="button">发送验证码</button></p>
20          <p>验证码：<input type="text" id="yzm"><span class=
    "tip"></span><span class="yzmcode"></span></p>
21          <p><input type="submit" value="提交"></p>
22      </form>
23      <script>
24          function get_yzmcode(number){
25              x='AaBbCcDdEeFfGgHhIiJjKkLlMmNnOoPpQqRrSsTtUuVvWwXxYyZz
    0123456789'
26              let str = "
27              for(let i=0;i<number;i++){
28                  str+=x[parseInt(Math.random()*x.length)]
29              }
30              return str
31          }
32          $(document).ready(function () {
33              var yzmcode=get_yzmcode(4)
34              $(".yzmcode").text(yzmcode)
35              $("button").click(function(){
36                  var yzmcode=get_yzmcode(4)
37                  $(".yzmcode").text(yzmcode)
38              })
39              $("#name,#phone,#yzm").focus(function () {
40                  $(this).CSS("background-color","pink")
41              })
42              $("#name,#phone,#yzm").blur(function () {
43                  $(this).CSS("background-color","white")
44              })
45              $("#name").change(function () {
```

```
46            $(this).next().text(")
47            var name=$("#name").val()
48            if(name.length<1 || name.length>4){
49                $(this).next().text("姓名的长度请控制在 2~4 位")
50            }
51         })
52         $("#phone").change(function () {
53            $(this).next().text(")
54            var phone=$("#phone").val()
55            if(phone.length!==11){
56                $(this).next().text("手机号码错误")
57            }
58         })
59         $("#yzm").blur(function () {
60            $(this).next().text(")
61            var yzm=$("#yzm").val()
62            var yzmcode=$(".yzmcode").text()
63            if(yzm!==yzmcode){
64                $(this).next().text("验证码错误")
65            }
66         })
67         $("form").submit(function(){
68            var name=$("#name").val()
69            var phone=$("#phone").val()
70            var yzm=$("#yzm").val()
71            if(name==" || phone=="|| yzm=="){
72                alert("请先输入姓名、手机号、验证码！");
73            }else{
74                alert("提交完成")
75            }
76         });
77      });
78   </script>
79 </body>
80 </html>
```

5.5 jQuery 效果

jQuery 可以通过隐藏显示、淡入淡出、切换滑动及自定义动画等功能，实现焦点图、选项卡、折叠面板、平滑导航等动态特效，既能为网站开发增加很多实用功能，又能在一定程度上提高浏览者体验效果。

5.5.1 隐藏显示

隐藏显示是 jQuery 中最常见的效果，当网页内容较多，无法在网页上放置时，则会将一部分内容隐藏，当浏览者需要浏览时，可以通过单击菜单或选项卡来进行显示，该功能常应用于导航栏的下拉菜单、选项卡等，隐藏和显示函数见表 5-11。

表 5-11 隐藏和显示函数

语法	功能
$(选择器).hide(速度,函数名称)	隐藏 HTML 元素
$(选择器).show(速度,函数名称)	显示 HTML 元素
$(选择器).toggle(速度,函数名称)	切换隐藏和显示

提示

隐藏/显示的速度，可以取以下值："slow""fast"和毫秒，函数名称是隐藏或显示完成后所执行的函数。

如将 id 为 id1 的元素隐藏，下面通过实例 5-5-1 演示，代码如下。

```
1  <div id="id1">内容 1</div>
2  <script>
3      $(document).ready(function () {
4          $("#id1").click(function () { // 隐藏#id1
5              $("#id1").hide();
6          })
7      });
8  </script>
```

如单击 button，可以将 id 为 id2 的元素隐藏，再次单击 button，可以将 id 为 id2 的元素显示，下面通过实例 5-5-2 演示，代码如下。

```
1  <div id="id2">内容 2</div>
```

283

```
2   <button>按钮</button>
3   <script>
4     $(document).ready(function () {
5        $("button").click(function () { // 单击切换隐藏显示
6            $("#id2").toggle();
7        })
8     });
9   </script>
```

试一试

编写代码，实现选项卡效果，如图 5-19 所示。

杜甫（712年—770年），字子美，自号少陵野老，唐代伟大的现实主义诗人，与李白合称"李杜"。出生于河南巩县，原籍湖北襄阳。为了与另两位诗人李商隐与杜牧即"小李杜"区别，杜甫与李白又合称"大李杜"，杜甫也常被称为"老杜"。

图 5-19
选项卡效果

实现上述效果，首先通过 hide()方法隐藏全部内容，通过 show()方法显示第一个选项卡内容，当单击选项卡时，给单击的选项卡增加 active 样式，同时移除其他兄弟节点 active 样式，获取当前选项卡的索引，并根据该索引值显示对应索引的选项内容，同时隐藏其他兄弟节点的内容，下面通过实例 5-5-3 演示，代码如下。

```
1    <!DOCTYPE html>
2    <html lang="en">
3    <head>
4      <meta charset="UTF-8">
5      <title>5-5-3</title>
6      <script src="jQuery-3.6.0.min.js"></script>
7      <style>
8      *{
9          margin: 0;
10         padding: 0;
11      }
```

```
12      #tabbox {
13          display: flex;
14          flex-direction: column;
15          margin: 10px;
16      }
17      .tabs,
18      .tab_content {
19          margin-left: 0px;
20      }
21      .tab_content>div {
22          width: 480px;
23          height: 360px;
24          border: 1px solid #ccc;
25          padding: 5px;
26      }
27      ul {
28          list-style-type: none;
29      }
30      ul li {
31          border: 1px solid #999;
32          border-bottom: 0px;
33          border-collapse: collapse;
34          width: 100px;
35          text-align: center;
36          float: left;
37          background-color: #e0e0e0;
38          cursor: pointer;
39      }
40      .active {
41          background-color: #ffffff;
42          color: #000;
43      }
44      </style>
```

```
45  </head>
46  <body>
47  <div id="tabbox">
48      <ul class="tabs">
49          <li class="active">李白</li>
50          <li>杜甫</li>
51          <li>辛弃疾</li>
52      </ul>
53      <div class="tab_content">
54          <div>李白（701 年—762 年），字太白，号青莲居士，又号"谪仙人"，
    唐代伟大的浪漫主义诗人，被后人誉为"诗仙"，与杜甫并称为"李杜"，为了
    与另两位诗人李商隐与杜牧即"小李杜"区别，杜甫与李白又合称"大李杜"。
    《旧唐书》记载李白为山东人；《新唐书》记载，李白为兴圣皇帝李暠九世孙，与
    李唐诸王同宗。其人爽朗大方，爱饮酒作诗，喜交友。</div>
55          <div>杜甫（712 年—770 年），字子美，自号少陵野老，唐代伟大的现
    实主义诗人，与李白合称"李杜"。出生于河南巩县，原籍湖北襄阳。为了与另
    两位诗人李商隐与杜牧即"小李杜"区别，杜甫与李白又合称"大李杜"，杜甫
    也常被称为"老杜"。</div>
56          <div>辛弃疾（1140 年—1207 年），原字坦夫，后改字幼安，中年后别号稼
    轩，济南府历城县（今山东省济南市历城区）人。南宋官员、将领、文学家，豪放派词
    人，有"词中之龙"之称。与苏轼合称"苏辛"，与李清照并称"济南二安"。</div>
57      </div>
58  </div>
59  <script>
60  $(document).ready(function () {
61      $(".tab_content > div").hide();//隐藏全部
62      $(".tab_content > div").eq(0).show();//显示第一个选项卡对应的内容
63      $(".tabs li").click(function(){//单击选项卡中的选项
64      $(this).addClass("active").siblings().removeClass("active");
    //给当前选项添加 active 样式，同时删除其他兄弟节点的 active 样式
65      var activeindex = $(".tabs li").index(this);//获取当前选项的索引
66      $(".tab_content>div").eq(activeindex).show().siblings().hide();
    //显示对应索引的内容，同时隐藏其他兄弟节点的内容
67      })
```

```
68  });
69  </script>
70  </body>
71  </html>
```

> **提示**
>
> jQuery 链模式（Operate of Responsibility），可以对同一个选择器进行多个方法的链式调用。如同我们一般介绍自己的多个爱好时，会这样进行介绍：我喜欢唱歌、跳舞、游泳；而不是这样去介绍：我喜欢唱歌，我喜欢跳舞，我喜欢游泳。
>
> 在 jQuery 进行操作调用时，我们可以把如下代码：
>
> $(this).addClass("active")
>
> $(this).siblings().removeClass("active");
>
> 改为：
>
> $(this).addClass("active").siblings().removeClass("active");

•5.5.2 淡入淡出

在 jQuery 开发网站时，淡入淡出效果与隐藏显示效果在功能上是一致的，但在浏览体验上比隐藏显示好一些，它可以让用户感受到一个过程，淡入淡出语法见表 5-12。

表 5-12 淡入淡出语法

语法	功能
$(选择器).fadeIn(速度,函数名称)	淡入
$(选择器).fadeOut(速度,函数名称)	淡出
$(选择器).fadeToggle(速度,函数名称)	切换淡入淡出
$(选择器).fadeTo(速度,透明度,函数名称)	淡入淡出到相反状态

在 fadeTo 方法中，增加了透明度参数，可以将淡入淡出结果设置为给定的不透明度值（0~1），fadeTo 方法的语法结构如下。

$(选择器).fadeTo(速度,透明度,函数名称)

将 id 为 id3 的 div 不透明值设为 0.2，下面通过实例 5-5-4 演示，代码如下。

```
1  <div id="id3" style="width:80px;height:80px;background-color:red;">
   内容 3</div>
```

287

```
2   <button>按钮</button>
3   <script>
4       $(document).ready(function () {
5         . $("button").click(function () { // 单击切换隐藏显示
6               $("#id3").fadeTo("slow",0.2);
7           })
8       });
9   </script>
```

 试一试

编写代码，利用淡入淡出方法，实现焦点图效果，如图 5-20 所示。

图 5-20
焦点图效果

上述效果的关键点在于应用定时器函数 setInterval()，该函数可以按指定间隔时长不断执行其中的函数体，语法格式为：

```
setInterval(function(){函数体},毫秒数时长)
```

下面通过实例 5-5-5 演示，初始化变量 i，每次运行定时器，i 加 1，当 i 大于 2 时，i 重置为 0，通过 i 来控制焦点图的淡入淡出，代码如下。

```
1   <!DOCTYPE html>
2   <html lang="en">
3   <head>
4       <meta charset="UTF-8">
5       <title>5-5-5</title>
6       <script src="jQuery-3.6.0.min.js"></script>
7       <style>
8         *{
9         margin: 0;
10        padding: 0;
11        }
```

```
12          .box{
13              display: block;
14              width: 960px;
15              height: 318px;
16              border: 1px solid #ccc;
17              position:absolute;
18              left:10px;
19              top:10px;
20          }
21          .btns{
22              position:absolute;
23              left:390px;
24              top:330px;
25          }
26          .btns li{
27              display: block;
28              width: 30px;
29              height: 30px;
30              line-height: 30px;
31              border: 1px solid #ccc;
32              background-color:blueviolet;
33              color: aliceblue;
34              text-align: center;
35              float: left;
36              cursor: pointer;
37          }
38      </style>
39  </head>
40  <body>
41      <div class="content">
42          <div class="box"><img width="960" height="318"src="1.jpg"/></div>
43          <div class="box"><img width="960" height="318"src="2.jpg"/></div>
44          <div class="box"><img width="960"height="318" src="3.jpg"/></div>
```

289

```
45        </div>
46        <ul class="btns">
47            <li>1</li>
48            <li>2</li>
49            <li>3</li>
50        </ul>
51        <script>
52        $(document).ready(function () {
53            $(".content > div").hide(); // 隐藏全部
54            $(".content > div").eq(0).show(); // 显示第一个选项卡对应的内容
55        //自动切换
56            var i=0
57            setInterval(function(){
58            $(".content>div").eq(i).fadeIn().siblings().fadeOut();
        //显示对应索引的内容，同时隐藏其他兄弟节点的内容
59            i=i+1
60            if(i>2){i=0}
61                console.log(i)
62            },2000)
63        //手动切换
64            $(".btns li").click(function(){//单击选项卡中的选项
65                var activeindex = $(".btns li").index(this); // 获取当
        前选项的索引
66                i=activeindex
67                $(".content>div").eq(activeindex).fadeIn().siblings().
        fadeOut();//显示对应索引的内容，同时隐藏其他兄弟节点的内容
68            })
69        });
70        </script>
71 </body>
72 </html>
```

5.5.3　滑动

　　jQuery 中的滑动方法可以将网页中的元素以一种卷帘效果进行呈现，包括滑动隐藏、滑动显示、隐藏显示切换，多见于前台折叠面板、后台管理导航栏

等,滑动语法见表 5-13。

表 5-13 滑 动 语 法

语法	功能
$(选择器).slideDown(速度,函数名称)	下滑显示 HTML 元素
$(选择器).slideUp(速度,函数名称)	上滑隐藏 HTML 元素
$(选择器).slideToggle(速度,函数名称)	切换隐藏和显示

例如,单击 button,将 id 为 id4 的 div 设置为滑动显示,下面通过实例 5-5-6 演示,代码如下。

```
1  <div id="id4" style="width:180px;height:280px;background-color:red;
   display: none;">内容</div>
2  <button>按钮</button>
3  <script>
4      $(document).ready(function () {
5          $("button").click(function () { // 单击切换隐藏显示
6              $("#id4").slideDown("slow");
7          })
8      });
9  </script>
```

试一试

编写代码,实现以下功能:利用滑动效果创建折叠面板,如图 5-21 所示。

李白
杜甫
辛弃疾
辛弃疾(1140年—1207年),原字坦夫,后改字幼安,中年后别号稼轩,济南府历城县(今山东省济南市历城区)人。南宋官员、将领、文学家,豪放派词人,有"词中之龙"之称。与苏轼合称"苏辛",与李清照并称"济南二安"。

图 5-21
折叠面板效果

该代码原理与 5.5.1 隐藏显示类似,区别在于通过 slideToggle()方法,实现滑动切换的效果,下面通过实例 5-5-7 演示,代码如下。

```
1  <!DOCTYPE html>
2  <html lang="en">
3  <head>
4      <meta charset="UTF-8">
```

```
 5        <title>5-5-7</title>
 6        <script src="jQuery-3.6.0.min.js"></script>
 7        <style>
 8            *{
 9                margin: 0;
10                padding: 0;
11            }
12            #Collapse{
13                display:flex;
14                flex-direction:column;
15                margin:10px;
16                width:600px;
17            }
18            .title {
19                border:1px solid #ccc;
20                background-color: burlywood;
21            }
22            .content {
23                border:1px solid #ccc;
24                border-top:0;
25                border-bottom:0;
26            }
27            .bbottom {
28                border-bottom: 1px solid #ccc;
29            }
30            .active{
31            color:#f00;
32            }
33        </style>
34 </head>
35 <body>
36    <div id="Collapse">
37        <div>
38        <h3 class="title">李白</h3>
39        <div class="content">李白（701 年—762 年），字太白，号青莲居士，
又号"谪仙人"，唐代伟大的浪漫主义诗人，被后人誉为"诗仙"，与杜甫并称为
```

"李杜"，为了与另两位诗人李商隐与杜牧即"小李杜"区别，杜甫与李白又合称"大李杜"。《旧唐书》记载李白为山东人；《新唐书》记载，李白为兴圣皇帝李暠九世孙，与李唐诸王同宗。其人爽朗大方，爱饮酒作诗，喜交友。</div>

```
40          </div>
41          <div>
42          <h3 class="title">杜甫</h3>
43          <div class="content">
44          杜甫（712 年—770 年），字子美，自号少陵野老，唐代伟大的现实主义诗人，
与李白合称"李杜"。出生于河南巩县，原籍湖北襄阳。为了与另两位诗人李商隐与
杜牧即"小李杜"区别，杜甫与李白又合称"大李杜"，杜甫也常被称为"老杜"。</div>
45          </div>
46          <div>
47          <h3 class="title">辛弃疾</h3>
48          <div class="content bbottom">辛弃疾（1140 年—1207 年），原字
坦夫，后改字幼安，中年后别号稼轩，济南府历城县（今山东省济南市历城区）
人。南宋官员、将领、文学家，豪放派词人，有"词中之龙"之称。与苏轼合称
"苏辛"，与李清照并称"济南二安"。</div>
49          </div>
50      </div>
51      <script>
52          $(document).ready(function(){
53              $(".content").hide();//隐藏全部
54              $(".title").click(function (){//单击选项
55                  $(this).parent().parent().find(".title").removeClass
("active"); //选择当前元素的父节点的父节点下的含有类名".title"的节
点，并移除样式"active"
56                  $(this).addClass("active"); //给当前的节点添加样式"active"
57                  $(this).parent().find(".content").slideToggle();//选择当
前元素的父节点下的所有含有类名".content"的元素，添加显示隐藏动画
58              })
59          });
60      </script>
61  </body>
62  </html>
```

5.5.4　动画

前面的几种动画效果均为内置动画效果，如果要实现更加多样的动画，则可以通过 animate()方法来进行创建，用法见表 5-14。

表 5-14　自定义动画

语法	功能
$(选择器).animate({参数},速度,函数名称)	根据参数执行动画效果
$(选择器).stop(stopAll,goToEnd)	停止动画

stop()方法中可选的 stopAll 参数表示是否应该清除动画队列，默认值是 false，即仅停止活动的动画，允许任何排入队列的动画向后执行；可选的 goToEnd 参数表示是否立即完成当前动画，默认值是 false。

animate()方法允许创建自定义的动画，如元素的放大缩小、颜色更改、位置移动等。

例如，将当前元素的背景色透明度设置 0.4，宽高均设置为 200 px，代码如下。

```
$(this).animate({"width":"200","height":"200","opacity":'0.4'});
```

 试一试

编写代码，实现如下功能：通过动画效果实现单页平滑滚动效果，如图 5-22 所示。

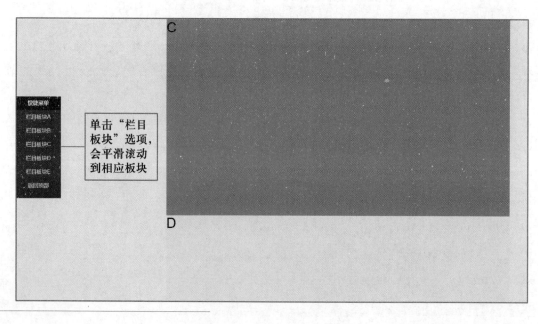

图 5-22
单页平滑效果

294

该代码通过 animate()结合元素位置，实现了单击选项，页面会自动平滑滚动到相对应的区域，虽和锚点链接功能相同，但在体验上，改进不少，下面通过实例 5-5-8 演示，代码如下。

```
1    <!DOCTYPE html>
2    <html lang="en">
3    <head>
4        <meta charset="UTF-8">
5        <title>5-5-8</title>
6        <script src="jQuery-3.6.0.min.js"></script>
7        <style type="text/CSS">
8            body{
9                font-size: 12px;
10               margin: 0px;
11               background-repeat: repeat-x;
12               background-color: #e2f4fb;
13               font-family: Arial;
14           }
15           p{
16               line-height: 30px;
17               font-size: 14px;
18           }
19           #Div_01,#Div_02,#Div_03,#Div_04,#Div_05{
20               width:900px;
21               margin:0 auto;
22               clear:both;
23               height:500px;
24               font-size:36px;
25           }
26           #Div_01{
27               background-color: #930;
28           }
29           #Div_02{
30               background-color: #993;
```

```
31          }
32          #Div_03{
33              background-color: #C96;
34          }
35          #Div_04{
36              background-color: #CF6;
37          }
38          #Div_05{
39              background-color: #0C3;
40          }
41          .tag{
42              width:120px;
43              height:250px;
44              background:#045a99;
45              position:fixed;
46              top:200px;
47              position:absolute;
48              left: 0;
49              padding:0 0 10px;
50              font-size:14px;
51          }
52          .tag .caption{
53              background: #00326b;
54              font-weight: bold;
55          }
56          .tag ul,.tag ul li {
57              margin:0;
58              padding:0;
59              list-style:none;
60              text-align:center;
61              height:35px;
62              line-height:35px;
63          }
```

```
64          .tag a,
65          .tag a:link,
66          .tag a:visited,
67          .tag a:hover,
68          .tag a:active{
69              color: #fff;
70              text-decoration: none;
71              font-size: 14px;
72          }
73      </style>
74  </head>
75  <body>
76  <div class="tag">
77      <ul>
78          <li class="caption"><a>快捷菜单</a></li>
79          <li><a href="#a">栏目板块 A</a></li>
80          <li><a href="#b">栏目板块 B</a></li>
81          <li><a href="#c">栏目板块 C</a></li>
82          <li><a href="#d">栏目板块 D</a></li>
83          <li><a href="#e">栏目板块 E</a></li>
84          <li><a href="#top">返回顶部</a></li>
85          </ul>
86      </div>
87      <a id="top"></a>
88      <div id="Div_01"><a id="a"></a>A</div>
89      <div id="Div_02"><a id="b"></a>B</div>
90      <div id="Div_03"><a id="c"></a>C</div>
91      <div id="Div_04"><a id="d"></a>D</div>
92      <div id="Div_05"><a id="e"></a>E</div>
93  </body>
94  </html>
95  <script>
96      $(document).ready(function () {
```

```
97          $(".tag a[href*='#']").click(function(){
98              var location = $(this).attr('href') // 获取跳转的名称
99              var targetOffset = $(location).offset().top; // 获
    取 id 为名称的位置
100             $('html,body').animate({ // 动画跳转到当前的位置
101                 scrollTop: targetOffset
102             },1000);
103             return false;
104         });
105     });
106     </script>
107 </body>
108 </html>
```

实践体验　编写一个上下滑动的焦点图

用编写器打开配套资源中"第 5 单元教学资源\5.5\5-5-9.html",将光标移至$(document).ready(function(){});中,删除第 11 行注释文字"//此处输入代码"。

```
1  <body>
2    <div id="adv_div">
3      <ul id="adv">
4        <li><img width="960" height="318" src="1.jpg" /></li>
5        <li><img width="960" height="318" src="2.jpg" /></li>
6        <li><img width="960" height="318" src="3.jpg" /></li>
7      </ul>
8    </div>
9    <script>
10     $(document).ready(function () {
11         //此处输入代码
12     });
13   </script>
14 </body>
```

输入如下代码。

```
1  var adv_height = 318;
```

```
2   var adv_index = 0;
3   // 自动切换
4   setInterval(function(){
5       $('#adv').stop(true).animate({'top':-1*adv_height*adv_index},1000);
6           adv_index = adv_index+1;
7           if(adv_index==3)adv_index=0;
8   },2500)
```

最终代码如实例 5-5-10 所示，效果如图 5-23 所示。

图 5-23
上下滑动的焦点图

```
1   <div id="adv_div">
2       <ul id="adv">
3           <li><img width="960" height="318" src="1.jpg" /></li>
4           <li><img width="960" height="318" src="2.jpg" /></li>
5           <li><img width="960" height="318" src="3.jpg" /></li>
6       </ul>
7   </div>
8   <script>
9       $(document).ready(function () {
10      var adv_height = 318;
11      var adv_index = 0;
12      // 自动切换
13      setInterval(function(){
14      $('#adv').stop(true).animate({'top':-1*adv_height*adv_index},1000);
15          adv_index=adv_index+1;
16          if(adv_index==3)adv_index=0;
17      },2500)
```

```
18       });
19   </script>
```

5.6　jQuery AJAX

AJAX（Asynchronous JavaScript And XML，异步 JavaScript 和 XML）是一种使用现有标准的新方法，能够在不重新加载整个页面的情况下，与服务器交换数据并更新部分网页内容。编写常规的 AJAX 代码并不容易，因为不同的浏览器对 AJAX 的实现并不相同，而 jQuery AJAX 优化了操作方法，我们可以轻松地使用 load、ajax、get、post 等方法，从远程服务器上请求文本、HTML、XML 或 JSON 等数据。

·5.6.1　load() 方法

load() 方法可以从服务器加载数据，并把返回的数据放置到指定的元素中。语法结构如下。

```
$(选择器).load(url,data,function(response,status,xhr))
```

其中，参数描述如下。

url：导入文件地址，jQuery 选择器也可以添加到 url 参数中。

data：可选参数，需要传递到服务器端的数据。

function：可选参数，当调用 load 方法并得到服务器响应之后的返回信息。

例如，加载 demo.txt 文档，并将里面的数据放置到 div 中，下面通过实例 5-6-1 演示，代码如下。

```
1   <div></div>
2   <script>
3   $(document).ready(function () {
4       $("div").load("demo.txt");
5   });
6   </script>
```

试一试

编写代码，实现以下功能：单击诗人姓名，可以从本地加载相应的 txt 文档，查看诗人介绍，如图 5-24 所示。

李白	**杜甫简历**
杜甫	杜甫（712年—770年），字子美，自号少陵野老，唐代伟大的现实主义诗人，与李白合称"李杜"。出生于河南巩县，原籍湖北襄阳。为了与另两位诗人李商隐与杜牧即"小李杜"区别，杜甫与李白又合称"大李杜"，杜甫也常被称为"老杜"。
辛弃疾	

图 5-24
load 效果

下面通过实例 5-6-2 演示，代码如下。

```
1   <!DOCTYPE html>
2   <html lang="en">
3   <head>
4       <meta charset="UTF-8">
5       <title>5-6-2</title>
6       <script src="jQuery-3.6.0.min.js"></script>
7       <style>
8           *{
9               margin: 0;
10              padding: 0;
11          }
12          body{
13              margin: 30px;
14          }
15          .container{
16              display:flex;
17              flex-direction:row;
18              align-items:flex-start;
19          }
20          ul{list-style-type:none;}
21          li{
22              display: block;
23              height:50px;
24              line-height:50px;
```

301

```
25              width:100px;
26              text-align:center;
27              background-color:aquamarine;
28              border-bottom:1px solid seagreen;
29          }
30          .main{
31              border:1px solid #ccc;
32              width:300px;
33              height:600px;
34          }
35          .title{
36              border-bottom:1px solid #ccc;
37              padding: 5px;
38          }
39          .content{padding:5px;}
40      </style>
41  </head>
42  <body>
43      <div class="container">
44          <ul class="menu">
45              <li class="active" data-name="lb">李白</li>
46              <li data-name="df">杜甫</li>
47              <li data-name="xqj">辛弃疾</li>
48          </ul>
49          <div class="main">
50              <h2 class="title"></h2>
51              <div class="content"></div>
52          </div>
53      </div>
54      <script>
55          $(document).ready(function () {
56              $(".menu li").click(function () { // 单击选项
57                  var title=$(this).text() // 获取元素内容
```

```
58            var name=$(this).data("name") //获取 data-name 属性值
59            $(".title").text(title+"简历") // 设置.titl 的值
60            $(".content").load("txt/"+ name +".txt"); // 通过
load()方法加载 txt 文档
61          })
62        });
63    </script>
64 </body>
```

5.6.2 get()与 post()方法

jQuery 的 get()方法可以通过 HTTP 的 GET 请求从服务器请求数据，jQuery 的 post()方法可以通过 HTTP 的 POST 请求从服务器获取数据或发送数据，两者语法格式相同，语法如下。

```
$.get/$post(url[,data][,callback][,dataType])
```

其中，参数描述如下。

url：发送请求的 URL 字符串。

data：可选参数，发送给服务器的字符串或键值对。

callback：可选参数，请求成功后执行的回调函数。

dataType：可选参数，从服务器返回的数据类型。

但两者亦有不同，区别见表 5-15。

表 5-15 get()与 post()的区别

比较内容	get()	post()
数据操作	请求数据	请求或发送数据
后退或者刷新	重新请求一遍	数据会被重新提交
缓存	数据会被缓存	不能缓存
可见性	参数会拼接在请求地址后，对他人可见	参数不显示在 URL 中
长度限制	有长度限制，URL 最长长度为 2048 字符	无限制
安全性	因为参数可见，所以不安全	安全

get()的回调函数可以返回一些信息，如加载 txt1.txt 文档，并在弹出框中显示内容和请求状态，代码如下。

```
$.get("txt1.txt",function(data,status){
  alert("数据:"+data+"\n 状态:"+status);
});
```

303

试一试

编写代码，实现如下功能：发送数据（姓名、留言内容）到服务器，返回留言时间，留言查询码，如图 5-25 所示。

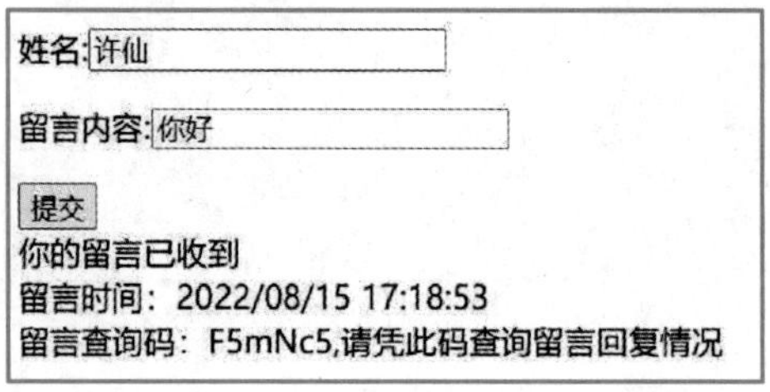

图 5-25
留言功能

```
姓名:许仙
留言内容:你好
提交
你的留言已收到
留言时间: 2022/08/15 17:18:53
留言查询码: F5mNc5,请凭此码查询留言回复情况
```

实现上述功能，需要架设一个服务器，本案例采用的是 PHP 代码，下面通过实例 5-6-3 演示，代码如下。

```php
1   <?php
2   $xm=isset($_REQUEST['xm'])?htmlspecialchars($_REQUEST['xm']) : '';
3   $write=isset($_REQUEST['write'])?htmlspecialchars($_REQUEST['write']) : '';
4   function getRandomString($len=6,$chars=null)
5   {
6       if(is_null($chars)){
7           $chars="abcdefghijklmnopqrstuvwxyzABCDEFGHIJKLMNOPQRSTUVWXYZ0123456789";
8       }
9       mt_srand(10000000 * (double)microtime());
10      for ($i = 0, $str = '', $lc = strlen($chars) - 1; $i < $len; $i++){
11          $str .= $chars[mt_rand(0, $lc)];
12      }
13      return $str;
14  }
15  echo '你的留言已收到<br>';
16  echo '留言时间: '.date("Y/m/d H:i:s").'<br>';
17  echo '留言查询码: '.getRandomString().',请凭此码查询留言回复情况';
```

客户端通过 post()方法将数据发送到服务器，然后在服务器上获取日期，并生成随机码，然后返回到当前浏览器，下面通过实例 5-6-4 演示，代码如下。

```
1    <!DOCTYPE html>
2    <html lang="en">
3    <head>
4        <meta charset="UTF-8">
5        <title>5-6-4</title>
6        <script src="JQuery-3.6.0.min.js"></script>
7    </head>
8    <body>
9        <p>姓名:<input type="text" id="xm"/></p>
10       <p>留言内容:<input type="text" id="write" /></p>
11       <button>提交</button>
12       <div></div>
13       <script>
14           $(document).ready(function(){
15               $("button").click(function(){
16                   xm=$("#xm").val();
17                   write=$("#write").val();
18                   $.post("demo.php",{xm:xm,write:write},function(result){
19                       $("div").html(result);
20                   });
21               });
22           });
23       </script>
24   </body>
25   </html>
```

5.6.3　ajax()方法

前两个小节中，我们通过 load()和 get()方法从服务器获取数据，通过 post()
方法把数据发送到服务器，而 ajax()方法是 jQuery 中最底层的 AJAX 方法，通
常用于其他方法不能完成的请求。ajax()方法有很多参数，包含常用参数的 ajax()
语法格式如下。

```
1    $.ajax({
2    type: "",   //请求方式: GET,POST
```

305

```
3    url: "",    //url 地址
4    data: {},    //传递的参数
5    async:"true/false", // 同步或异步，默认为 true，即异步方式，当设置为
     false 时，为同步方式
6    dataType: "",    //返回的数据类型：json、text、html、xml、script、JSonp
7    beforeSend: function (xhr) {}, //发送时的代码提示
8    success: function (result, status, xhr) {}, //成功时的代码提示
9    complete: function (xhr, status) {}, //完成时的代码提示
10   error: function (xhr, status, error) {}, //报错时的代码提示
11   });
```

例如，5.6.2 中的 get 请求可以通过 ajax()方法改写为如下代码。

```
1    $.ajax({
2    type: "GET",
3    url: "demo.txt",
4    dataType: "text",
5    success: function (result, status, xhr) {
6    alert("数据: " + result + "\n 状态: " + status);
7    },
8    });
```

 试一试

编写代码，实现用户登录功能：用户名 admin，密码 123，当用户名输入错误或者密码输入错误的时候，会显示错误提示；当用户名和密码输入正确的时候，弹出对话框"登录成功"，如图 5-26 所示。

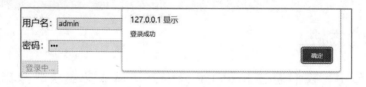

图 5-26
登录功能

实现上述功能，需要架设一个服务器，本案例采用的是 PHP 代码，下面通过实例 5-6-5 演示，代码如下。

```
1    <?php
2    $username=isset($_REQUEST['username'])?htmlspecialchars($_REQUEST
     ['username']) : ";
```

```
3    $password  =  isset($_REQUEST['password'])?  htmlspecialchars($_
     REQUEST ['password']) : ";
4    $data=[];
5    if($username!="admin"){
6        $data["status"]="error";
7        $data["msg"]="用户名错误";
8        echo json_encode($data,JSON_UNESCAPED_UNICODE);
9    }
10   if($password!="123"){
11       $data["status"]="error";
12       $data["msg"]="密码错误";
13       echo json_encode($data,JSON_UNESCAPED_UNICODE);
14   }
15   if($username=="admin" && $password=="123"){
16       $data["status"]="Success";
17       $data["msg"]="登录成功";
18       echo json_encode($data,JSON_UNESCAPED_UNICODE);
19   }
```

上述功能需要通过 ajax()方法将数据发送到服务器，然后在服务器上根据用户名和密码进行判断，并将判断结果返回到当前浏览器，下面通过实例 5-6-6演示，代码如下。

```
1    <!DOCTYPE html>
2    <html lang="en">
3    <head>
4        <meta charset="UTF-8">
5        <title>5-6-6</title>
6        <script src="JQuery-3.6.0.min.js"></script>
7    </head>
8    <body>
9    <form>
10       <p>用户名:<input type="text" name="username" id="username"></p>
11       <p>密码: <input type="password" name="password" id="password"></p>
12       <button id="submit">登录</button>
```

307

```
13    <div></div>
14  </form>
15  <script>
16  $(document).ready(function () {
17      $("#submit").click(function () {
18      var username=$("#username").val()
19      var password=$("#password").val()
20      $.ajax({
21          type: "POST",
22          url: "login.php",
23          data: {
24              username:username,
25              password:password
26          },
27          dataType: "json",
28          beforeSend: function (xhr) {
29              $("#submit").text("登录中...");
30              $("#submit").attr({ disabled: "disabled" });
31          },
32          success: function (res, status, xhr) {
33              if(res.status=="Success"){
34                  alert(res.msg)
35              }else{
36                  $("div").text(res.msg)
37              }
38          },
39          complete: function (xhr, status) {
40              $("#submit").text("登录");
41              $("#submit").removeAttr("disabled");},
42          error: function (xhr, status, error) {
43              console.log("error")
44          },
45      });
```

```
46        });
47    });
48    </script>
49    </body>
50    </html>
```

实践体验 编写自动查询诗句的飞花令

编写代码，实现以下功能：在输入框输入一个汉字，单击"查询"按钮，显示诗句中包含这个汉字的诗句，如图 5-27 所示。

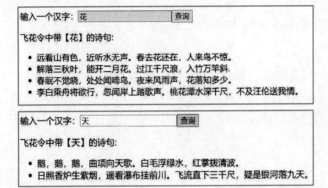

图 5-27
飞花令

（1）使用编写器打开配套资源中"第 5 单元教学资源\5.6\5-6-7.html"，将光标移至<script></script>中，删除第 18 行注释文字"//此处输入代码"，具体代码如实例 5-6-7 所示。

```
1     <!DOCTYPE html>
2     <html lang="en">
3     <head>
4         <meta charset="UTF-8">
5         <title>5-6-7</title>
6         <script src="jQuery-3.6.0.min.js"></script>
7     </head>
8     <body>
9         <p>输入一个汉字：<input type="text" name="code" id="code"><button>
      查询</button></p>
10        <p>飞花令中带【<span></span>】的诗句:</p>
11        <ul></ul>
12        <script>
```

```
13        $(document).ready(function(){
14            //此处输入代码
15        });
16    </script>
17  </body>
18  </html>
```

（2）在当前位置输入代码，具体代码如实例 5-6-8 所示。

```
1   $("button").click(function () {
2       var code=$("#code").val()
3       $("span").text(code)
4       $.ajax({
5           type:"GET",
6           url:"feihualing.php",
7           data:{
8               code:code
9           },
10          dataType:"json",
11          beforeSend:function(xhr){
12              $("ul").empty()
13          },
14          success:function(res,status,xhr){
15              $.each(res,function(index,value){
16                  $("ul").append("<li>"+value+"</li>")
17              });
18          },
19      });
20  });
```

（3）创建 WEB 服务器，并将文件 5-6-8.html 和 feihualing.php 放在同一目录下，打开浏览器，输入 http://服务器地址/5-6-8.html，运行即可。

5.7 jQuery 应用案例

在本节中，我们将通过 jQuery 为旅游类网站增添动态效果，丰富网站功能。

310

在第 4 单元"拓展与提高"的案例基础上添加票务订购服务（模拟），操作步骤如下。

（1）用编写器打开配套资源中"第 5 单元教学资源/拓展与提高/5-7-1.html"，在 HTML 中添加表单，具体代码如下。

```
1   <div class="form-order">
2       <div class="form-notice">每张票价：30 元</div>
3       <form action="">
4           <div class="box">
5               <div class="hd">购票数：</div>
6               <div class="bd"><input type="number" name="ordernums"
    id="ordernums" min="0"></div>
7           </div>
8           <div class="box">
9               <div class="hd">总票价：</div>
10              <div class="bd"><input type="number" name="ordervalue"
    id="ordervalue" min="0" disabled></div>
11          </div>
12          <div class="box">
13              <div class="hd">真实姓名：</div>
14              <div class="bd"><input type="text"name="realname"id=
    "realname"> </div>
15              <div class="tip"></div>
16          </div>
17          <div class="box">
18              <div class="hd">手机号：</div>
19              <div class="bd"><input type="text" name="phone" id=
    "phone"></div>
20              <div class="ft"><button type="button" class="sendyzm">
    发送验证码</button></div>
21              <div class="tip"></div>
22          </div>
23          <div class="box">
24              <div class="hd">验证码：</div>
```

```
25        <div class="bd"><input type="text" name="yzm" id="yzm">
   </div>
26        <div  class="ft"><span  class="yzmcode"  id="yzmcode">
   </span></div>
27            <div class="tip"></div>
28        </div>
29        <div class="box">
30            <div class="hd"></div>
31            <div class="bd"><button type="submit" class="sendorder">
   订购</button></div>
32        </div>
33 </form>
```

（2）添加上述 HTML 标签的 CSS 样式，具体代码如下。

```
1  .form-order{
2     display:block;
3     font-size:16px;
4  }
5  .form-notice{
6     display:block;
7     background-color:#1989fa;
8     color:#fff;
9     margin:10px 0;
10    padding:10px;
11 }
12 .form-order .box{
13    margin:10px;
14    display:flex;
15    flex-direction:row;
16 }
17 .form-order .box .hd{
18    width:80px;
19    text-align:right;
20    height:30px;
```

312

```
21        line-height:30px;
22    }
23    input{
24        height:30px;
25        line-height:30px;
26        padding:5px;
27    }
28    .sendyzm{
29        height:30px;
30        margin:5px;}
31    .tip,.ft{
32        color:#f00;
33        height:30px;
34        line-height:30px;
35        margin-left:10px;}
```

（3）添加 jQuery 代码，实现票务订购服务，具体代码如下。

```
1     // 模拟生成验证码
2     function get_yzmcode(number){
3         x='AaBbCcDdEeFfGgHhIiJjKkLlMmNnOoPpQqRrSsTtUuVvWwXxYyZz0123456789'
4         let str="
5         for(let i=0;i<number;i++){
6             str+=x[parseInt(Math.random()*x.length)]
7         }
8         return str
9     }
10    $(document).ready(function(){
11        $(":input").focus(function(){
12            $(this).CSS("background-color","pink")
13        })
14        $(":input").blur(function(){
15            $(this).CSS("background-color","white")
16        })
```

```
17    //根据购票数计算总价
18    $("#ordernums").change(function(){
19        var ordernums=$("#ordernums").val()
20        $("#ordervalue").val(ordernums*30)
21    })
22    // 发送验证码（模拟）
23    $(".sendyzm").click(function(){
24        var yzmcode=get_yzmcode(4)
25        console.log(yzmcode)
26        $("#yzmcode").text(yzmcode)
27    })
28    // 判断姓名长度是否在 2～4 位
29    $("#realname").change(function(){
30        $(this).parent().parent().find(".tip").text("")
31        var realname=$("#realname").val()
32        if(realname.length<1||realname.length>4){
33            var msg="姓名的长度请控制在 2～4 位"
34            $(this).parent().parent().find(".tip").text(msg)
35        }
36    })
37    // 判断手机号长度是否是 11 位
38    $("#phone").change(function(){
39        $(this).parent().parent().find(".tip").text("")
40        var phone=$("#phone").val()
41        if(phone.length!==11){
42            var msg="手机号错误"
43            $(this).parent().parent().find(".tip").text(msg)
44        }
45    })
46    // 判断验证码是否正确
47    $("#yzm").blur(function(){
48        $(this).parent().parent().find(".tip").text("")
49        var yzm=$("#yzm").val()
```

```
50        var yzmcode=$("#yzmcode").text()
51        if(yzm!==yzmcode){
52            var msg="<font color='red'>验证码错误</font>"
53        }else{
54            var msg="<font color='green'>验证码正确</font>"
55        }
56        $(this).parent().parent().find(".tip").html(msg)
57    })
58    $("form").submit(function(){
59        var ordernums=$("#ordernums").val()
60        var realname=$("#realname").val()
61        var phone=$("#phone").val()
62        var yzm=$("#yzm").val()
63        if(ordernums=="" || realname=="" || phone==""|| yzm=="" ){
64            alert("请先输入购票数，姓名，手机号，验证码！");
65        }else{
66            alert("提交完成")
67        }
68    });
69 });
```

最终代码见"第 5 单元教学资源/拓展与提高/5-7-2.html"，票务订购服务在浏览器内显示的效果如图 5-28 所示。

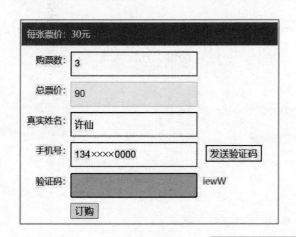

图 5-28
票务订购服务

315

➲思考与训练

一、选择题

1. jQuery 中所有选择器的开头符号是（　　　）。

　　A. #　　　　　　　　B. @　　　　　C. $　　　　　　　D. &

2. 以下选项中，基于元素的 id 进行查找（或选择）HTML 元素的选择器是（　　　）。

　　A. $("p")　　　　B. $("li")　　　　　C. $("#p")　　　D. $("h1")

3. 以下选项中，表述错误的是（　　　）。

　　A. $("p.intro") 表示选取 class 为 intro 的 <p> 元素

　　B. $("tr:odd") 表示选取偶数位置的 <tr> 元素

　　C. $("[href]") 表示选取带有 href 属性的元素

　　D. $("*") 表示选择所有元素

4. 可以获取表单的值的方法是（　　　）。

　　A. val()　　　　　B. attr()　　　　　C. text()　　　　　D. html()

5. 以下选项表述错误的是（　　　）。

　　A. append() 是在被选元素外部的结尾插入内容

　　B. prepend() 是在被选元素内部的开头插入内容

　　C. after() 是在被选元素之后插入内容

　　D. before() 是在被选元素之前插入内容

6. 以下选项中，对下方代码的表述正确的是（　　　）。

```
$("p").CSS({"background-color":"yellow","font-size":"200%"});
```

　　A. 获取 <p> 标签的 background-color 样式

　　B. 为 <p> 标签设置 background-color 和 font-size 样式

　　C. 获取 <p> 标签的 font-size 样式

　　D. 为 <p> 标签设置 background-color 和 font 样式

7. 以下选项中，不属于事件的操作是（　　　）。

　　A. 打开登录页　　　　　　　　　　B. 单击"登录"按钮

　　C. 输入用户名　　　　　　　　　　D. 勾选"阅读协议"复选框

8. 在文本框中输入内容，以下事件中最先触发的是（　　　）。

　　A. keydown　　　B. keyup　　　　C. focus　　　　　D. change

9. 以下选项中，与样式 p{display:none;} 的效果不一致的是（　　　）。

A. $("p").hide()

B. $("p").CSS({"display":"none"})

C. $("p").fadeOut()

D. $("p").slideDown()

10. 以下参数不属于 load()方法的是（   ）。

A. url   B. data   C. callback   D. speed

二、判断题

1. jQuery 需要等待浏览器加载完 HTML 的 DOM 对象之后才能执行，所以在脚本中需要通过 ready()方法判断页面是否加载完毕。   （   ）

2. $("#id1").text()表示获取 HTML 页面中 id 为 id1 的对象中的 HTML 内容。 （   ）

3. jQuery 层次选择器与 jQuery 遍历功能相同。   （   ）

4. $("ul>li")是后代选择器，表示选择 ul 标签下的所有 li 标签元素。 （   ）

5. $("a[href]")表示选择标签 a 中带有 href 属性的元素。   （   ）

6. remove()表示删除被选元素的所有子节点和内容，但不会移除元素本身。 （   ）

7. addClass()方法能实现的效果，CSS()方法也能实现。   （   ）

8. 当光标从元素外移入到元素内时，Mouseenter()事件一定比 Mouseleave()事件先触发。
（   ）

9. 输入框、单选按钮、复选框、下拉菜单和按钮都有 focus()方法。   （   ）

10. 在 get 请求中，只能发送有限数量的数据，因为数据是在 URL 中发送的。 （   ）

三、程序阅读题

1. 阅读并完善以下代码，实现单击按钮，设置标题颜色为红色。

```
1   <h2>静夜思</h2>
2   <h3 id="author">【作者】李白 </h3>
3   <p>床前明月光，疑是地上霜。</p>
4   <p>举头望明月，低头思故乡。</p>
5   <button>设置标题为红色</button>
6   <script>
7       $(document).ready(function(){
8           //此处完善代码
9       });
10  </script>
```

2. 阅读并完善以下代码，实现输入宽度，按宽高比为 4∶3 自动计算、显示高度，并自动调整图片大小。

```
1   <img src="1.jpg" width="360" height="270" alt="">
2   <p>宽：<input type="number" name="w" id="w"></p>
3   <p>高：<span></span></p>
4   <script>
5   $(document).ready(function () {
6       //初始化宽高
7       var w=$("img").width();
8       var h=$("img").height();
9       $("#w").val(w);
10      $("span").text(h);
11      // 根据宽度自动调整高度
12      $("#w").keyup(function(){
13          //此处完善代码
14      })
15  });
16  </script>
```

第 6 单元　微网站开发实战

深入学习前面几个单元后，同学们应该掌握了 HTML5 的基本元素，CSS3 的样式、属性，JavaScript 在网页中的简单运用。为了将这些知识更好地结合起来，本单元将灵活地运用之前的知识，以杭州旅游为主题，完成旅游网站首页的开发。

本单元将以准备工作、建设站点、制作网页等步骤来完成该网站首页。在单元后设置了动手实践环节，要求学生能够在完成本单元的学习后，通过既定的主题和简单的素材，完成一个网站的欢迎页。

本单元主要讲解如何通过 HTML5+CSS3+JavaScript 技术完成旅游网站首页的编写任务。通过本单元的学习，将进一步学习和运用前面所学的知识，并体验一个完整的站点开发过程。

6.1 微网站规划

网页是互联网中最容易接触到的信息载体之一，不同的网页所呈现出来的内容、风格都是不一样的。那么我们该如何制作自己的网页呢？在制作一个站点或一个网页前，首先要确定站点的主题、页面的风格。有了明确的方向，才能更好地展开工作。

6.1.1 网站主题

主流的网站按照功能可以分为：政府网站、教育类网站、企业网站、商业网站、门户主题网站、个人网站等。

不同类型的网站所呈现的页面风格是不一样的。政府与教育类网站布局严谨规整。企业与商业网站往往带有产品的推广图或者视频。门户主题网站会带有与宣传主题相关的图片，并带有新闻的导航与链接。个人网站则会以相册和博客的形式呈现出来。

设计网站时首先要确定制作的网站是服务什么行业的，不同的行业需要不同的风格。本单元要制作的是以杭州旅游为主题的旅游网站首页，如图 6-1 所示。

图 6-1
旅游网站首页

·6.1.2　网站素材准备

当确立了网站的主题之后，就要着手收集或制作建设网站所需的相关素材。网站所需要的素材包括文字、图片、音频、视频等。不同类型的素材所体现的效果要尽可能地贴合网站表达的主题。

> **提示**
>
> 网站不仅是把内容呈现给浏览者，更是展现网站持有者和制作者精神面貌的平台，所以网站主题和素材应该积极向上，富有正能量。且在使用网上下载的素材时，需注明出处，避免侵权。

本网站以杭州旅游为主题，在互联网中收集了与杭州有关的诗集，新老西湖十景的图片，展示杭州风貌的视频，赞美杭州的歌曲，并通过 Photoshop 等软件加以处理，合理地放置在站点的文件夹中，如图 6-2 所示。

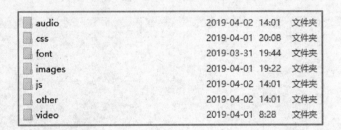

图 6-2
素材分类

6.2　微网站站点建设

"站点"对于制作维护一个网站来说是非常重要的，站点是一组具有相关属性的网页和资源的集合，通常把网页中所需要的文件以本地文件的形式存放在站点文件夹下，并对不同类型文件进行分类管理，了解站点的工作原理可以帮助我们系统地管理网站中的文件和素材。

·6.2.1　创建根目录

在主机的任意盘符下新建一个文件夹，作为网站的站点根目录。本站点以 G 盘下"教材案例"文件夹下的"综合实训-微网站开发"文件夹作为根目录，在根目录下新建各类素材的文件夹，同时新建名为"index.html"的网页文件，如图 6-3 所示。

图 6-3
网站根文目录

•6.2.2　新建站点

打开 Dreamweaver CC，在菜单栏中选择"站点"→"新建站点"命令，在弹出对话框的"站点名称"文本框中输入该站点的名称，单击"本地站点文件夹"文本框右侧"浏览"按钮，选择站点根目录的存储位置，如图 6-4 所示。

图 6-4
新建站点

单击"保存"按钮，就可以在 Dreamweaver 的工具面板组中查看到该站点的信息。

站点名称既可以使用中文，也可以使用英文，但是一定要具有较高的辨识度，建议可以选择与本网站主题相关的名称，这样在切换站点的时候不会混淆。不同的网页制作工具，新建站点的形式都不一样，但是对于网页本身而言，站点内的文件和根目录的相对路径的逻辑概念是一致的。

6.2.3 管理站点

在 Dreamweaver 中，选择"站点"→"管理站点"命令，可以查看已经创建完毕的站点信息，如图 6-5 所示。

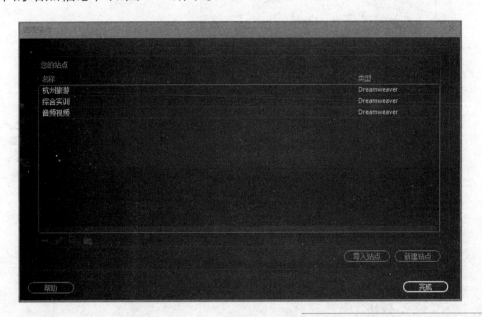

您的站点

名称	类型
杭州旅游	Dreamweaver
综合实训	Dreamweaver
音频视频	Dreamweaver

导入站点　新建站点

帮助　完成

图 6-5
管理站点

在"管理站点"对话框中，可以对原有的站点进行删除、修改、复制和导出的操作。执行导出操作后，整个站点将打包成.ste 格式的文件。也可以通过导入站点将导出的.ste 站点文件导入到 Dreamweaver 中。

6.3 微网站页面制作

确立了网站的主题，完成了站点的建设后，就可以动手开始制作网页了。我们将制作网页的流程分为效果图分析、制作头部和导航栏、制作主体部分、制作尾部。

6.3.1 效果图分析

熟悉页面的结构和版式才能够更好地完成页面的布局，接下来要对首页效果图的 HTML 结构和 CSS 样式进行分析，确保可以顺利地制作网页。

1. 网页结构分析

从网页效果图可以看出，整个网页可以分为三部分：网页头部、网页导航栏和主体部分、网页尾部部分。将整个网页视为一个大盒子，那三个独立的部分可以分别视为三个盒子，而其中导航栏和主体部分又可以细分为三个部分，整个页面被划分为 5 个模块，具体结构如图 6-6 所示。

网页头部(表单模块)

网页导航栏

主体部分(视频和文字介绍)

主体部分(风景导航链接)

网页尾部

图 6-6
首页效果图结构分析

2. CSS 样式分析

仔细观察页面的各个模块可以发现，每个模块的宽度都是一样的，大小为 1000 像素，且网页的头部和主体部分都用了同一种颜色作为背景色。全网页的文字除了图片中的"瘦金体"外都是采用 16 号、白色、微软雅黑字体。分析后我们可以使用定义 CSS 的方法，提前确定这些样式，减少冗余代码。

在导航栏部分，当光标悬停在链接文字时，出现下划线跟随光标移动的动画效果，当鼠标按下时，出现链接模块底色变成黑色的效果，如图 6-7 和图 6-8 所示。这些动画效果通过 CSS 样式来实现，具体的方法会在后文中单独讲解。

图 6-7
导航栏悬停特效

图 6-8
导航栏单击特效

在风景导航的链接中，分别制作了 5 个景点的链接，通过小图片展示了 5 个杭州著名的景点，如图 6-9 所示。

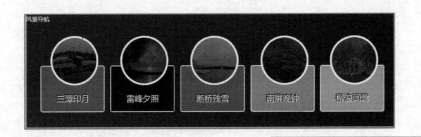

图 6-9
风景导航栏

在这一模块中，除了景点的小图片外，所有的效果都是使用 CSS 样式来实现的，当光标悬停在某个景点的小图片时，该图片会变成高亮状态，具体的方法会在后文中单独讲解，以三潭印月为例，如图 6-10 所示。

图 6-10
风景导航栏特效

3. 搭建网页结构

在分析完网页结构和 CSS 样式后，可以着手搭建网页头部、导航栏、主体部分、网页尾部的结构代码，代码如下。

```
1   <!doctype html>
2   <html>
3   <head>
4       <meta charset="utf-8">
5       <title>杭州旅游</title>
6       <link rel="stylesheet" type="text/css" href="css/css.css">
7   </head>
8   <body>
9       <!--make box -->
10      <div class="box">
11      <!--make form -->
12          <div class="form1">
13              <form>
14                  <ul>
15                      <li><label>用户名：</label><input type="text"
    placeholder="用户名"></li>
```

```
16              <li><label>密码: </label><input type="password"
   placeholder="密码"></li>
17              <li><input type="submit" value="登录"></li>
18              <li><input type="text" id="search" placeholder=
   "请输入你要搜索的内容" style="margin-left: 120px"></li>
19          </ul>
20        </form>
21     </div>
22     <div class="banner">
23       <ul>
24          <li>人间三月</li>
25          <li>地杰人灵</li>
26          <li>风景名胜</li>
27          <li>杭帮美食</li>
28       </ul>
29     </div>
30     <div class="videobox">
31       <div class="video1">
32          <video src="video/hz.mp4" autoplay loop></video>
33          <article>
34          <section><p>西湖</p></section>
35          <section><!-- 描绘西湖的文章 --></section>
36          </article>
37       </div>
38     </div>
39     <div class="fj">
40       <p class="daohang2">风景导航</p>
41          <ul class="slider">
42            <li><a href="#bg1">三潭印月</a></li>
43            <li><a href="#bg2">雷峰夕照</a></li>
44            <li><a href="#bg3">断桥残雪</a></li>
45            <li><a href="#bg4">南屏晚钟</a></li>
46            <li><a href="#bg5">柳浪闻莺</a></li>
47          </ul>
```

```
48              </div>
49          <footer>
50              <div class="banquan">
51                  <p> </p>
52                  <p align="center">本网站版权归杭州市××©所有</p>
53                  <p align="center"><a href="#top">杭州市旅游网</a></p>
54              </div>
55          </footer>
56      </div>
57 </body>
58 </html>
```

上面的代码中，包含了整个网页的基础结构。第 3~7 行是网页的头部，通过<link>标签引用了 CSS 文件。第 13~20 行定义了网页头部的表单部分。

第 23~28 行使用 ul 和 li 元素定义了网页的导航栏。第 30~48 行是网页的主体部分，其中使用 video 元素引入了视频，使用 autoplay 和 loop 属性对视频进行页面加载后自动循环播放的设置。使用 article 和 section 元素定义了主体部分的文章内容。第 39~48 行是风景导航的链接部分，特效效果使用 CSS 实现。第 49~55 行是网页的尾部，也是网页的版权部分。

运行代码，页面效果如图 6-11 所示。

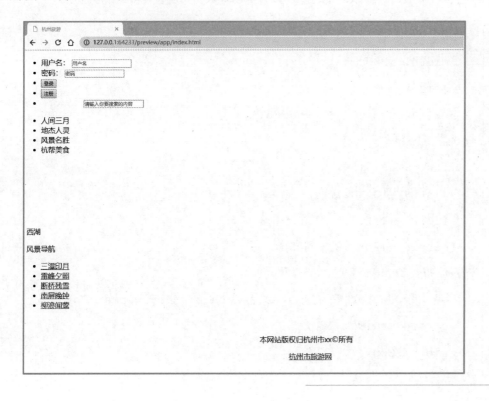

图 6-11
内容页面布局图

327

•6.3.2　制作头部和导航栏

通过对网页效果图的分析，我们了解并制作了网页的基本 HTML 框架，也对 CSS 样式进行了分析，接下来，将通过制作 CSS 样式，逐步完成对网页头部和导航栏部分的修饰。

1. 元素初始化

为了清除各浏览器的默认样式，使得网页在各个浏览器中显示的效果一样，在完成网页的布局后，首先要做的就是对 CSS 样式进行初始化。打开 "css.css"，编写通用样式，具体如下。

```
1  body, ul, li, ol, dl, dd, dt, p, h1, h2, h3, h4, h5, h6, form, img{
2      margin:0;padding:0;border:0;list-style: none;}
```

2. 头部（表单）制作

在网页的最顶端是表单部分，如图 6-12 所示。

图 6-12
头部表单部分

该部分左边为用户名和密码的登录/注册页面，右边为搜索栏。整个表单内有 5 个不同类型的 input 元素。在上文的结构代码中，将存放表单元素的 DIV 的类命名为 form1，所以可以通过以下代码来完成图 6-12 的效果。

```
1   form1{
2       width: 1000px;
3       height: 50px;
4       background-color: #545861;}
5   form1 ul li{
6       font-size: 16px;
7       list-style:inline;
8       float: left;
9       margin: 12px 10px 0 5px;}
10  form1 #search{
11      background:url(../images/search.png) no-repeat 2px 2px;
12      border-radius: 20px;
13      width:200px;
```

```
14    height:24px;
15    border:1px solid #fff;
16    padding-left: 30px;margin: 0px 0 0 12px;
17    display: inline;}
```

上述 CSS 代码中，通过对 form1 类下的 ul 和 li 元素进行 "list-style: inline" 设置，让这两个元素成为行内元素，使得 input 元素都在同一行内。通过 background 属性添加背景图片，以及通过 border-radius 属性设置控件边框的圆角，让搜索栏更为美观。

3. 导航栏制作

完成头部的表单后，接下来制作网页的导航栏。通过对网页效果图的分析可得，首页的导航栏是内嵌在背景图中的，与平常的导航条样式不同，且在背景图片内还包含了特殊字体的诗句，如图 6-13 所示。

图 6-13
导航栏分析

将整张背景图视为一个大盒子，左上角的导航栏为一个小盒子，右边的诗句也视为一个小盒子，将这两个盒子都放置在背景图的大盒子中，再通过 CSS 效果修饰，就可以产生这样的效果了。具体代码如下。

```
1    <div class="logo1">
2       <div class="banner2">
3          <ul>
4             <li>人间三月</li><li>地杰人灵</li><li>风景名胜</li>
5             <li>杭帮美食</li>
6          </ul>
7       </div>
```

8	`<div class="gushi">`
9	`<p>   谁把杭州曲子讴   荷花十里桂三秋</p>`
10	`<p>        那知卉木无情物   牵动长江万里愁</p>`
11	`</div>`
12	`</div>`

CSS 代码如下。

1	`logo1{`
2	`height:600px;`
3	`width: 1000px;`
4	`background:url(../images/bglogo1.jpg) no-repeat ;`
5	`background-size: cover;`
6	`-webkit-background-size: cover;`
7	`-o-background-size: cover;`
8	`filter: grayscale(20%);}`
9	`.gushi{`
10	`float: right;`
11	`padding-top: 12%;}`
12	`.gushi p{`
13	`font-family:"方正瘦金书简体";`
14	`font-size: 26px;`
15	`padding-top: 5%;`
16	`margin-right: 10px;`
17	`font-weight: 600;`
18	`color:#21491B;}`
19	`.banner2{top:5%;float: left;}`
20	`.banner2 ul {`
21	`display: flex;`
22	`position: absolute;`
23	`width: 800px;top: 5%;`
24	`left: 40%;`
25	`transform: translate(-50%, -50%);}`

```
26    .banner2 li {
27        position: relative;padding: 20px;
28        font-family: "黑体";
29        font-size: 22px;
30        font-weight: 800;
31        lor: #FFF;
32        line-height: 1;
33        transition: 0.2s all linear;
34        cursor: pointer;}
35    .banner2 li::before {
36        content: "";
37        position: absolute;
38        top: 0;
39        left: 100%;
40        width: 0;
41        height: 100%;
42        border-bottom: 2px solid #000;
43        transition: 0.2s all linear;}
44    .banner2 li:hover::before {
45        width: 100%;
46        top: 0;left: 0;
47        transition-delay: 0.1s;
48        border-bottom-color: #000;z-index: -1;}
49    .banner2 li:hover ~li::before {left: 0;}
50    .banner2 li:active {background: #000;color: #fff;}
```

before 选择器，表示在元素之前加上 CSS 修饰的内容。例：

.banner2 li::before 表示在 banner2 的 li 元素前产生的效果。

.banner2 li:hover～li::before 表示在相同的父元素中所有 li 元素在光标悬停之前产生的效果。

通过以上的 HTML 和 CSS 代码的修饰不仅可以实现图 6-13 所示的布局，还实现了光标悬停在导航栏上时，相应导航栏目下出现黑色线条跟随

331

光标移动的效果，单击导航，相应的导航栏目会有黑色块状背景，具体实现方式如下。

- banner2 li::before 设置在 banner2 的 li 元素之前加上一条大小为 2 像素的下划线，且通过设置 transition 属性，来实现线条逐步生成的效果。

- banner2 li:hover::before 设置鼠标悬停在 li 元素上之前，为 li 元素添加黑色下划线，并设置过渡效果延缓 0.1 s 开始。

- banner2 li:hover～li::before 设置在相同的父元素中所有 li 元素鼠标悬停之前产生左边距为 0 像素的效果，让视觉上以为线条一直是跟随移动。

- banner2 li:active 设置当单击导航时，显示白色文字黑色背景的效果。

6.3.3　制作主体部分

分析网页效果图可得，首页的主体部分可以分为视频、文章和风景导航三部分，如图 6-14 所示。

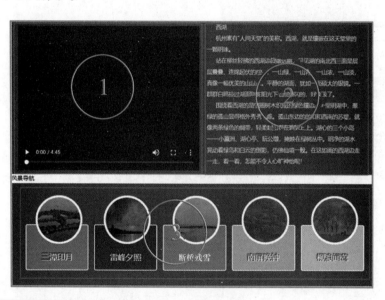

图 6-14
主体部分分析

我们可以把视频和文章两个小盒子放在同一个大盒子中，把下面的风景导航单独放置在一个大盒子内，具体代码如下。

```
1  <div class="sp">
2      <video src="video/hz.webm" id="hz" controls loop>
3      <div class="wz">
4      <!-描绘西湖美景的文章->
5      </div>
6  </div>
```

```
7    <div class="fj">
8        <p>风景导航</p>
9         <ul class="slider">
10            <li><a href="#bg1">三潭印月</a></li>
11            <li><a href="#bg2">雷峰夕照</a></li>
12            <li><a href="#bg3">断桥残雪</a></li>
13            <li><a href="#bg4">南屏晚钟</a></li>
14            <li><a href="#bg5">柳浪闻莺</a></li>
15        </ul>
16    </div>
```

可以将包含视频和文章的盒子的类命名为 sp，将放置描绘西湖文章的盒子的类命名为 wz，将风景导航栏的盒子的类命名为 fj，然后通过对各个类和每个类所包含内容的 id 和标签使用 CSS 进行修饰，实现最后的效果。具体代码如下。

```
1    .sp{
2        width: 1000px;
3        height: 410px;
4        background: #545861;
5        border-bottom: 1px solid #8c9299;
6        border-top: 1px solid #8c9299; }
7    .sp #hz{
8        width: 500px;
9        height: 400px;
10        float: left;
11        padding: 0 0 0 2%; }
12    .wz {
13        width: 420px;
14        height: 400px;
15        float: left;
16        margin-left: 2%;
17        color: 255, 251, 240;
18        display: inline;
19        font-size: 15px;
```

```
20        padding: 10 10 0 0;
21        font-weight: 300;}
22    .wz p {
23        line-height: 2em;
24        text-indent:25px;}
```

使用第 1～6 行的 CSS 代码修饰放置视频和文字的大盒子，设置背景颜色和 DIV 的宽高。视频部分使用 id 的形式来为元素添加 CSS 样式，使用 "float: left" 将视频靠左排。因为 video 元素本身是行内元素，所以当两个元素并排时，无须将 video 元素的 display 属性设置为 inline。

接下来要制作风景导航栏，该栏目使用 CSS3 代码绘制每个景点照片的底盒，并实现当光标悬停时景点照片亮度提高的效果。

使用自定义类 fj 中的 CSS 代码修饰放置风景导航的大盒子，设置背景颜色和 DIV 的宽高，并将元素设置为块元素。具体代码如下。

```
1    .fj{
2        width:1000px;
3        margin:0 auto;
4        height:300px;
5        background: #545861;
6        border-bottom: 1px solid #fff;
7        display: block;}
```

在 HTML 代码中，使用 ul 和 li 元素设置风景导航，并使用自定义类 slider 修饰 ul 元素。使用 "position: absolute" 配合 margin 属性设置 ul 的绝对定位，使用 "z-index:9999" 将整个 ul 包含的内容堆叠在最高层。具体代码如下。

```
1    .slider {
2        position: absolute;
3        width: 80%;
4        margin-top: 110px;
5        margin-left: 40px;
6        z-index:9999; }
```

对 slider 类下的 li 元素通过 "display:inline-block" 设置成行内块元素，并将元素内的文字居中。具体代码如下。

```
1   .slider li {
2       display: inline-block;
3       width: 170px;
4       height: 130px;
5       margin-right: 15px;
6       text-align: center;}
```

使用 a 元素为 li 中的文字添加超链接，链接到每个景点的子网页。通过 CSS 效果对 slider 类下的 a 元素进行修饰，通过"cursor:pointer"实现光标悬停在链接区域时，指针变成手指的效果，并对 a 元素的边框进行设置。具体代码如下。

```
1    .slider a{width:170px;
2        font-size:22px;
3        color:#fff;
4        display:inline-block;
5        padding-top:70px;
6        padding-bottom:20px;
7        border:2px solid #fff;
8        border-radius:5px;
9        position:relative;
10       cursor:pointer; }
```

通过设置 nth-of-type(n)元素，为每一个圆角矩形添加不同颜色的背景色，前后对比图如图 6-15、图 6-16 所示。具体代码如下。

```
1    .slider li:nth-of-type(1) a {background-color:#9d907f;}
2    .slider li:nth-of-type(2) a {background-color:#19425e;}
3    .slider li:nth-of-type(3) a {background-color:#58a180;}
4    .slider li:nth-of-type(4) a {background-color:#a1c64a;}
5    .slider li:nth-of-type(5) a {background-color: #ffc103;}
```

图 6-15
过程分析图 1

335

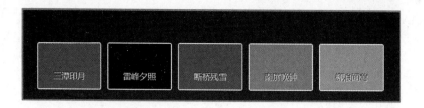

图 6-16
过程分析图 2

:nth-of-type(n)选择器匹配同类型的第 n 个子元素。

对 slider 类下的 a 元素添加 after 选择器，通过对边框的圆角和 z-index 的层级设置在原来的基础上画上圆形，为后面加载景点图片做准备。after 选择器与之前的 before 选择器相反，是在被选择的标签后面插入内容，对照本网页，就是在<a>标签的后面插入圆圈。效果如图 6-17 所示。具体代码如下。

```
1   /* 设置after伪元素选择器的样式*/
2   .slider a::after { content:"";
3      display: block;
4      height: 120px;
5      width: 120px;
6      border: 5px solid #fff;
7      border-radius: 50%;
8      position: absolute;
9      left: 50%;
10     top: -80px;
11     z-index: 9999;
12     margin-left: -60px;}
```

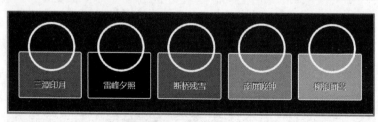

图 6-17
过程分析图 3

继续使用 after 伪类选择器在图片的圆圈中分别添加每个景点的图片，效果如图 6-18 所示。

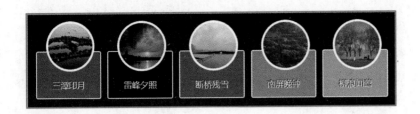

图 6-18
过程分析图 4

通过以上的操作，基本已经完成了对导航栏的设置，形成了基础的页面效果，接下来要做的是给圆圈内的风景图添加一层阴影，在光标悬停时去掉阴影，呈现出不同的效果。这时候就需要用到 CSS 中的 hover 和 before 选择器了。通过设置 before 元素，在每个<a>标签上添加一层阴影，使用"hover::before"设置 opacity 属性值，当光标悬停时，上一个 CSS 效果形成的阴影透明度为 0。具体代码如下。

```
1   /*设置 before 伪元素选择器的样式*/
2   .slider a::before {
3       content:"";
4       display: block;
5       height: 120px;
6       width: 120px;
7       border: 5px solid #fff;
8       border-radius: 50%;
9       position: absolute;
10      left: 50%;top: -80px;
11      margin-left: -60px;
12      z-index: 99999;
13      background: rgba(0,0,0,0.3);}
14  /*控制第一个背景图切换的动画效果*/
15  .slider a:hover::before {opacity:0;}
```

6.3.4 制作尾部

最后制作网页尾部，也就是为网站添加上版权内容。版权也称著作权，指作者或其他人（包括法人）依法对某一作品享有的权利。所以在制作完一个属于自己或某个单位的网站后，要为其添加上版权的归属来保护自己的著作权。同理，对于其他人的网站也不能随意引用和抄袭。网页尾部 CSS 代码如下。

337

```
1   .banquan{
2       width:1000px;
3       height:80px;
4       background: #333333;  }
5   .banquan a:hover{
6       font-weight: 600;
7       text-decoration: none;}
```

6.4　页面表单验证

　　在完成以上的微网站首页后，我们可以通过添加 JavaScript 代码为网站中的表单添加一些简单的验证效果。

　　首先需要使用<script>标签引入 JavaScript 脚本文件，具体代码如下。

```
1   <script src="js/code.js" type="text/javascript"></script>
```

　　在表单数据传到后台服务器之前可以通过 JavaScript 代码对数据进行验证。例如，验证用户名不多于 6 个字符，否则登录时会显示文字提醒，具体代码如下。

```
1   function test()
2   { "use strict";
3       if(document.myform.user.value.length>6)
4       { alert("用户名不能超过 6 个字符！");
5        document.myform.user.focus();
6        return false; }}
```

　　通过以上代码可以发现，我们是对 myform 和 user 这两个对象进行条件设定，所以需要将原 HTML 网页中的<form>标签和输入姓名的<input>标签的 name 属性值分别设置为 myform 和 user。并通过在<form>标签中使用 onsubmit="test()"来调用 JavaScript 方法。

　　同理，我们也可以使用以上方法，在 test()方法中添加 if 条件语句来实现密码框的验证。例如，密码必须是英文字母和数字，否则登录时会显示文字提醒。具体代码如下。

```
1   var zmnumReg=/^[0-9a-zA-Z]*$/;
2   if(document.myform.pwd.value!=""&&!zmnumReg.test(document.myform.
```

```
3    pwd.value))
     { alert("只能输入是字母或者数字,请重新输入");
4        return false; }
```

通过 JavaScript 代码对数据进行验证是 HTML5 网页设计里最常见的方法,同时我们也可以根据本书之前单元所讲的内容使用 JavaScript 语句对本网页添加特效。除此之外,JavaScript 本身也具有通过单击、悬停等事件快速调用方法实现简单交互效果的功能。以下几个事件代码和效果供参考。

```
1    onselectstart="return false"                    //页面取消选取功能
2    oncopy="return false;" oncut="return false;"    //防止复制和剪切
3    onpaste="return false"                          //页面不允许粘贴
4    oncontextmenu="window.event.returnValue=false"  //窗口中屏蔽右击
5    onclick="window.close()"                        //单击关闭窗口
6    ondbclick="getElementById('demo').innerHTML=Date()"//双击显示现在
     的时间
```

⊃ 思考与训练

一、选择题

1. 通常把网页中所需要的文件以本地文件的形式存放在站点文件夹下,并对不同类型文件按( )进行管理。

    A. 文件类型   B. 文件格式   C. 文件大小   D. 文件内容

2. border-radius 属性设置边框的( )属性。

    A. 圆角边   B. 宽度   C. 高度   D. 大小

3. 通过 cursor:pointer 可以设置指针的效果是( )。

    A. 让指针变成点状   B. 让指针变成手指形状

    C. 让指针变大   D. 让指针消失

4. .banner2 li::before 的作用是( )。

    A. 对 banner2 设置预览之前的效果

    B. 对 banner 下的 li 元素设置预览前的效果

    C. 对 li 元素设置预览之前的效果

    D. 设置 banner 下的 li 设置预加载内容

二、判断题

1. 网页版权即网页著作权，是指该网页的作者对其作品享有的权利。　　　　（　　）
2. 仅用 CSS3 无法实现网页的动态效果。　　　　（　　）

三、简答题

1. 请简要阐述制作网站前的准备工作。
2. :nth-of-type(n)选择器的作用是什么？

郑重声明

读者意见反馈

为收集对教材的意见建议，进一步完善教材编写并做好服务工作，读者可将对本教材的意见建议通过如下渠道反馈至我社。

咨询电话　　400-810-0598
反馈邮箱　　zz_dzyj@pub.hep.cn
通信地址　　北京市朝阳区惠新东街4号富盛大厦1座　高等教育出版社总编
　　　　　　辑办公室
邮政编码　　100029

防伪查询说明

用户购书后刮开封底防伪涂层，使用手机微信等软件扫描二维码，会跳转至防伪查询网页，获得所购图书详细信息。

防伪客服电话　　（010）58582300

学习卡账号使用说明

一、注册/登录

访问https://abooks.hep.com.cn，点击"注册/登录"，在注册页面可以通过邮箱注册或者短信验证码两种方式进行注册。已注册的用户直接输入用户名加密码或者手机号加验证码的方式登录。

二、课程绑定

登录之后，点击页面右上角的个人头像展开子菜单，进入"个人中心"，点击"绑定防伪码"按钮，输入图书封底防伪码（20位密码，刮开涂层可见），完成课程绑定。

三、访问课程

在"个人中心"→"我的图书"中选择本书，开始学习。

如有账号问题，请发邮件至：4a_admin_zz@pub.hep.cn。